철학이 있는
홍차 구매가이드

철학이 있는
홍차 구매가이드

t e a

꼭 마셔봐야 할
명품 브랜드 홍차 80가지

|

문기영

글항아리

머리말

세상에는 수천 종류의 홍차가 판매되고 있으며, 아무리 홍차를 사랑하는 애호가라 할지라도 현실적인 제약으로 모든 것을 다 구입할 수는 없다. 결국에는 자신의 기호에 맞는 맛과 향을 가진 홍차를 마시게 된다.

그렇다면 어떤 홍차가 나에게 맞을지, 선택하고 결정해야 한다. 그러기 위해서는 이 세상에 어떤 종류의 홍차가 있으며 그들의 특징이 무엇인지를 알 필요가 있다. 이 책은 이런 판단에 도움이 되기를 바라며 쓴 것이다.

어떤 홍차는 품종이 가장 큰 영향을 미치며, 어떤 홍차는 생산지, 즉 테루아가 중요하며, 어떤 홍차는 가공법이 독특해서 눈길을 끌며, 어떤 홍차는 그 속에 숨어 있는 역사에 얽힌 이야기가 더 매력적일 수도 있다. 또한 수많은 블렌딩이 수많은 개성 있는 홍차를 만들어낸다. 필자가 2014년에 펴낸 『홍차수업』이 홍차라는 숲을 높은 곳에서 전체적으로 조망한 책이라면, 이번 책 『철학이 있는 홍차 구매가이드』는 숲의 나무에 해당하는 브랜드 하나, 홍차 한 잔 한 잔을 주인공으로 삼았다.

품종이 중요한 홍차는 품종을, 생산지가 중요한 홍차는 생산지를, 가공법이 중요한 홍차는 가공법을, 역사가 중요한 홍차는 역사를 중심으로 풀어나가되, 글 한 편이 구매 결정에 결정적 도움을 줄 수 있도록 충분한 정보를 담고자 했다.

단지 맛과 향이 어떤지를 묘사하고 설명하는 것이 아니라, 나름의 실증적 자료 연구를 통해 이런 맛과 향이 나온 다양한 원인과 주된 요소들을 밝히는 데 초점을 맞춘 것이다. 품종 때문인지, 차나무가 자라는 테루아 때문인지 혹은 가공법 때문인지를 알아야 맛과 향에 대한 이해가 깊어지는 법이다.

그런 의미에서 이 책은 홍차를 처음 접하는 분들에게는 시행착오를 줄이는 데 도움이 될 것이며 또한 이미 홍차를 즐기는 분들도 자신이 좋아하는 홍차를 좀더 잘 이해하고, 새로운 영역으로 도전하는 데 의미 있는 가이드가 될 것임을 확신한다.

이 책에 선택되어 등장한 홍차들은 필자가 오랫동안 즐겨 마셔왔거나, 필자가 운영하는 아카데미 수업 때 사용되는 것들이다. 나름 각 영역의 대표적인 맛과 향을 가진 표준적인 홍차다. 나머지 우롱차, 백차, 허브차도 차를 사랑하는 애호가라면 한 번쯤 들어보고 마셔본 차들이다. 허브차는 예외이지만 나머지 모든 차는 카멜리아 시넨시스라는 차나무의 싹과 잎으로 만든 것으로 결국엔 한 가족이다. 홍차가 주제이지만 홍차를 더 잘 알기 위해서는 이렇듯 다양한 차에 대한 이해가 어느 정도는 필요하다.

각 제품의 맛과 향에 대한 평가는 일반적인 티 테이스팅 원칙에 맞춰 외형, 수색, 향, 맛, 엽저 순으로 했다. 차의 맛과 향에 대한 평가는 각양각색이며 정답이 있는 것이 아니므로 필자의 평가 또한 하나의 의견으로 참고만 하는 것이 좋을 듯하다.

가장 중요한 건 지금 우리고 있는 이 한 잔의 홍차를 우아하고 기분 좋게, 맛있게 마시는 것이다. 그러기 위해서 '홍차'에 관한 약간의 지식이 필요하다. 아는 만큼 보인다는 말이 있지만, 아는 만큼 맛있어지는 것이 홍차다. 이 책을 통해 늘어난 지식으로 애호가 여러분의 홍차가 더 맛있어지기를 바라고, 나에게 맞는 홍차 리스트를 갖게 되기를 원한다.

이 책이 나오기까지 알게 모르게 관심을 가져주시고 도움을 주신 많은 분께 감사의 말씀을 전한다. 전작 『홍차수업』에 이어 이번에도 제품 사진을 예쁘게 찍어주신 한세라 님께 특히 감사드린다. 매일 아침 식사 때마다 어제는 무엇을 했고, 책은 어디까지 썼는지를 물어봐준 곧 초등학교 6학년이 되는 딸 규리에게 이 책을 통해 아빠의 사랑을 전한다.

2017년 2월
문기영

제2장 블렌딩 홍차 _077

t e a

제1장

가향차

가향차는 다양한 베이스의 차에 꽃이나 과일, 향료, 허브 혹은 이들의 향을 첨가한 차를 말한다.

홍차 음용자들 중 많은 이가 홍차에서 피어오르는 재스민, 장미, 초콜릿, 시나몬 같은 향기롭고 이국적인 향에 대한 기억이나 로즈 포우총, 헤렌토피, 카사블랑카, 마르코 폴로 같은 멋진 이름에 끌려 처음 홍차를 마시기 시작한다.

이런 측면에서 본다면 홍차 대중화에 있어서 가향차의 공이 크다. 홍차는 떫고 맛이 없다는 막연한 인상을 가진 사람들에게 일단 쉽게 접할 수 있는 통로 역할을 하기 때문이다. 실제로 우리가 알고 있는 가장 유명한 홍차 중 하나인 얼그레이는 시트러스 계열인 베르가모트라는 과일의 껍질에서 추출한 오일을 홍차에 첨가한 가향홍차다. 이렇게 과거부터 가향에 많이 사용된 대표적인 것이 재스민, 장미 같은 꽃 종류, 딸기, 사과, 리치, 복숭아 같은 과일 종류다.

필자는 이렇듯 과일이나 꽃의 향이 첨가된 것을 '클래식 가향차'라고 부른다. 반면에 시나몬, 정향 같은 향신료에 오렌지, 바닐라, 초콜릿, 생강, 벚꽃, 대추야자, 수레국화 등을 첨가해 맛과 향의 범위를 넓히고 눈까지 즐겁게 하는 것을 '현대식 가향차'라고 부른다.

이런 현대식 가향차를 전 세계에 유행시킨 대표적인 브랜드가 프랑스의 마리아주 프레르다. 클래식 가향차뿐만 아니라 수많은 새로운 가향차를 만들어 전 세계의 젊은이들을 매혹시켜온 것이다.

제한된 숫자의 클래식 가향차를 판매해온 유명 브랜드들도 최근에는 이런 흐름에 맞춰 새로운 가향차들을 판매 목록에 올리고 있는 추세다. 실제로 가향차는, 적어도 비즈니스 측면에서는 서양 차 산업의 근간이 되어가고 있다.

현재 수백 개가 넘는 홍차 판매 목록을 자랑하는 수많은 홍차 브랜드
들에서도 실제로는 가향차가 그 판매 목록의 대부분을 차지하고 있다.

하지만 우리가 접하는 가향차 중에는 좋지 않은 품질의 차에 고급스
럽지 않은 인공 향을 첨가한 실망스러운 것도 많다. 좋은 가향차란 베이
스가 되는 차와 첨가한 향의 조화에 좌우된다. 즉 차는 차의 맛을 가지
고 향은 향의 맛을 가진 상태에서 멋지게 조화되는 것이다. 그러나 좋지
않은 가향차는 향은 넘쳐나지만 차를 입안에 넣는 순간 맛은 텅 빈, 마
치 풍선껌에서 나는 향만 마시는 듯한 느낌을 주기도 한다. 따라서 이와
같은 조잡한 가향차에 비판적인 사람들은 낮은 품질의 차에 값싼 인공
향을 첨가해서 만든 가향차는 제조 과정에 어떤 추가적인 노력과 비용
을 들이지 않은 청량음료 수준이라고 혹평하기도 한다.

실제로 가향차의 종류는 아주 많지만 뚜렷한 개성을 가진 가향차는
그렇게 많지 않고 대체로 비슷비슷한 맛과 향을 보여주기 때문에 구별이
잘 되지 않는 경우도 많다. 게다가 요즈음의 가향차는 마시는 음료가 아
니라 마치 하나의 패션처럼 제품명도, 틴 디자인도 아주 예쁘고 화려하
다. 이런 것이 가향차를 선택하고 마시는 매력 중 하나임은 분명하지만
그만큼 초보자들에게는 실수와 혼란의 원인이 될 수도 있어 홍차에 대
한 매력을 잃게 할 수도 있다.

그럼에도 가향차의 주 타깃인 젊은 세대는 개성과 취향이 매우 다양하
기 때문에, 이들 각자의 기호에 맞춘다는 의미에서는 이런 추세가 맞는
것일지도 모른다. 이런 경험을 통해 다행히 홍차에 매력을 느끼게 된다
면 꽃과 과일 혹은 향료의 맛과 향에서 점차적으로 차 자체의 맛과 향으
로 관심을 옮길 수 있을 것이다.

마르코 폴로
마리아주 프레르

오늘날 세계 홍차 업계의 선두이자 항상 새로운 홍차 트렌드를 만들어내고 있는 프랑스의 마리아주 프레르는 1854년 마리아주 가문의 두 형제에 의해 차와 바닐라를 수입하는 회사로 설립되었다.

비록 오랜 전통의 차 회사였지만 주로 고급 레스토랑이나 호텔, 유명 식료품점 등에만 차를 납품하는 도매상 역할을 해온 관계로 일반 소비자들에게는 그렇게 많이 알려져 있지 않았다.

1983년, 파리에서 유학 중이었던 태국 젊은이가 이 회사를 인수했다. 키티 차 상마니Kitti Cha Sangmanee라는 이 CEO 덕분에 우리가 알고 있는 오늘날의 마리아주 프레르가 있다고 보아도 될 것 같다.

1980년대 초반은 제2차 세계대전 이후 전 세계적으로 침체되었던 홍차 음용 및 홍차 문화가 영국, 프랑스, 미국 등을 중심으로 조금씩 부흥의 기지개를 켤 무렵이었다.

키티 차 상마니

파리 마들렌 광장에 있는 마리아주 프레르 매장

키티 차 상마니는 홍차의 미래가 젊은이들에게 있다고 보고 이 젊은 고객들의 취향과 입맛에 맞는 가향차를 본격적으로 개발하기 시작했다. 이렇게 탄생한 마리아주 프레르의 현대식 가향차 중 대표적이고 세계적으로 가장 널리 알려진 것이 바로 마르코 폴로Marco Polo다.

마르코 폴로는 1984년에 만든 브랜드로, 과거 위대한 여행가의 발자국을 따라 머나먼 중국과 티베트로의 상상 속 여행을 그리면서 만든 제품이라고 한다. 관련 자료를 보면 먼 곳에 대한 그리움과 이국적인 꽃과 과일에 대한 연상을 일으킨다고 소개되어 있다. 마르코 폴로는 발매된 지 5~6년이 지나면서 인기를 끌기 시작해 오늘날 가향차의 대표가 되었다.

오리지널 마르코 폴로는 홍차를 베이스로 한 것이나 요즈음은 그 인기에 힘입어 녹차, 루이보스 등을 베이스 차로 한 다양한 버전의 마르코 폴로도 판매되고 있다.

찻잎의 크기나 색상이 균일하지 않은 것으로 보아 다양한 찻잎을 블렌딩한 것 같다. 찻잎의 크기는 전체적으로 홀리프whole leaf 수준이며 색상은 비교적 밝은 편이다. 건조한 잎에서 나는 향은 섬세함과 달콤함이 부드럽게 조화되어 있다. 수색은 짙은 오렌지 혹은 밝은 적색을 띠며 아주 아름답다. 수색으로 보아 베이스가 되는 홍차의 산화 정도가 그렇게 높지 않다. 마른 찻잎에서 나는 향이 우린 차에서도 그대로 난다. 저급한 가향차의 경우에 나타나는, 우리기 전 향과 우린 뒤 향의 동떨어짐 현상은 전혀 없다. 달콤한 초콜릿 향이 가장 두드러지게 느껴진다. 어쩌면 이 맛에 제품 설명에 나와 있는 중국과 티베트의 향취가 숨어 있는지도 모르겠다. 맛 또한 가볍고 섬세하다. 혀와 입안에 와 닿는 느낌이 아주 깔끔하면서 좋다. 엽저가 비교적 밝은 갈색이다. 수색으로도 예상했듯 산화의 정도가 심하지 않다는 점을 재확인할 수 있다.

완전히 식은 뒤에도 향이 지속되며 식어버린 블렌딩 홍차에서 일반적으로 느낄 수 있는 무겁고 떫은맛도 없다. 오히려 꽃 향을 감춘 섬세한 초콜릿 맛이 마실 때 입안 전체에 느껴진다.

마르코 폴로는 좋은 홍차다. 비록 가향을 했지만 향으로만 품질을 좌우하는 것이 아니라 베이스로 아주 좋은 홍차를 사용했다는 것에서도 알 수 있다.

잘 우린 마르코 폴로를 마시면 현대식 가향차에 다소 부정적인 음용자들도 만족할 수 있을 것 같다. 마르코 폴로의 맛과 향을 즐기면서 말 그대로 머나먼 티베트로의 아름다운 여행을 꿈꿔보시길.

마르코 폴로

INFORMATION

중량	100g
가격	15유로
구입 방법	www.mariagefreres.com(직구 가능)
우리는 방법	400ml / 2.5g / 3분 / 펄펄 끓인 물

PRODUCT 02

웨딩 임페리얼
마리아주 프레르

찻잎의 크기는 균일하지 않으며 전체적으로는 적색 톤이다. 특이하게 골든 팁이라고까지 말할 수 있는 갈색 찻잎도 보인다. 가향 블렌딩 홍차에서는 드문 경우다. 마르코 폴로의 가늘고 섬세한 향에 비해 웨딩 임페리얼Wedding Imperial의 향은 다소 무겁고 긴장감이 느껴진다.

수색은 아주 깔끔한 적색이다. 전형적인 아삼의 수색이다. 달콤한 캐러멜 향이 너무나 선명하게 올라온다. 초콜릿과 캐러멜이 들어 있다고 적혀 있지만 캐러멜 향이 압도적으로 주도하고 있다. 하지만 캐러멜 향만 있는 것은 아니어서 복합적이고 빈틈없이 느껴지는 멋진 향이다. 입안에 와닿는 맛은 달콤함 그 자체다. 설탕을 일부러 넣은 것처럼 달다. 찻물의 바디감은 상당히 강하지만 아주 부드러워 마치 솜사탕을 물에 녹여 마시는 것 같다. 입안에서 뭔가가 씹히는 듯한 느낌이 들 정도다. 이런 맛은 캐러멜 향이 가향된 홍차들에서 가끔씩 느껴지기는 한다.

마리아주 프레르의 다양한 가향차들

"골든 아삼의 강한 몰트 향에 초콜릿과 캐러멜의 달콤함을 조화시켜 완벽하게 깔끔하다"라고 홈페이지에 설명되어 있다. 굳이 깔끔하다고 표현할 수도 있겠지만 그러기에는 차가 너무 무겁다. 깔끔함에는 동의하고 싶지 않다.

베이스가 아삼 홍차임에도 거친 맛이 전혀 없는 것은 마른 잎에서 본 것처럼 골든 팁 영향인 것으로 생각된다.

베이스 홍차가 아삼인 영향도 있겠지만 필자에게 이 차는 매우 남성적으로 다가온다. 이런 향을 가진 차로는 매우 드물게 선이 굵다. 마르코 폴로와 비교하면 더더욱 그러하다. 마리아주 프레르를 대표하는 같은 현대식 가향차이지만 굉장히 다른 성격을 가지고 있다.

제품명이 웨딩 임페리얼이고 "사랑의 찬가A paean to love" "환상적인 결혼의 징표Evidence of a peerless marriage"라며 여성적인 포장을 하면서 왜 이렇게 장중한 느낌까지 드는 블렌딩을 만들었는지 매우 궁금해진다.

결혼식에서의 축가라면 신랑 친구들이 부르는 노래일 것 같다.

가향차

INFORMATION

중량	100g
가격	14유로
구입 방법	www.mariagefreres.com(직구 가능)
우리는 방법	400ml / 2.5g / 3분 / 펄펄 끓인 물

로즈 포우총

포트넘앤메이슨

포트넘앤메이슨의 로즈 포우총Rose Pouchong

은 클래식 가향차의 전형적인 제품으로 베이스 차가 중국 키먼 홍차다. 키먼 홍차는 고급 가향차를 만들 때 베이스로 많이 사용된다. 로즈 포우총은 키먼 홍차 중에서도 마오펑을 베이스로 한 것이다. 찻잎에 신선한 장미 꽃잎을 뒤섞은 상태로 일정 시간이 지나면 향을 빼앗긴 꽃잎을 제거하고 신선한 꽃잎을 새로 섞는 방법으로 가공한다. 이렇듯 오일을 첨가하는 것이 아니라 찻잎이 꽃 향을 직접 흡수하게 하는 것을 음화窨花라고 한다.

마른 찻잎은 다양한 갈색 톤의 색상이며 마오펑의 특징인 골든 팁도 있다. 이와 함께 마른 장미 꽃잎이 섞여 있는 것이 보인다. 마른 꽃잎은 이미 향을 다 빼앗긴 상태이기 때문에 시각적인 즐거움을 주기 위해 남겨두는 것이다. 찻잎이 들어 있는 틴에 코를 갖다 대면 차분하고 건조한 장미 향이 절제되어 피어오른다.

수색은 적황색이다. 비록 다소 어두운 색을 띠지
만 우울하기보다는 품위가 느껴진다. 아주
맑아 거울처럼 얼굴도 비추어준다. 향은
화사하다기보다는 좀 거칠고 무거운 듯한
느낌을 준다. 키먼 홍차의 향과 장미 향
이 결코 가볍지 않게 조화되어 이 또한 매
우 품위가 느껴진다. 하지만 그 사이 장미꽃
은 언뜻언뜻 자신의 맑은 향을 차마 숨기지 못하는
듯하기도 하다. 키먼 홍차 특유의 떫지 않은 맛에 향이 배어 있는 듯해
마치 장미 향을 액으로 만들어 함께 섞은 느낌을 준다. 혀와 입안 곳곳을
장미 향이 녹아든 찻물이 너무나 기분 좋게 어루만지는 느낌이다. 이 글
을 쓰기 위해 며칠간 집중적으로 마시면서 이전에는 몰랐던 로즈 포우총
의 새로운 매력을 발견하고 있다. 코를 찌르는 듯한 강한 향이 있지만 정
작 마시면 텅 빈 느낌을 주는 값싼 가향차와는 정말 다르다.

차가 식어가면서 점점 더 맛에서 장미 향이 느껴진다. 마른 찻잎에서
나는 절제된 그 향이 끝까지 차와 함께 있다. 장미 향만 즐기는 것이 아니
라 마치 장미의 맛도 즐기는 기분이다. 잘 만든 차다.

INFORMATION		
중량	125g	
가격	12.5유로	
구입 방법	www.fortnumandmason.com	
	(직구 가능)	
우리는 방법	400ml / 2.5g / 5분 / 펄펄 끓인 물	

런던의 애프터눈 티

쉬어가기

2000년 전후로 서서히 인기를 끌기 시작한 런던 호텔들의 애프터눈 티는 요 몇 년 사이에 거의 하나의 유행이 되었다. 일인당 10~15만 원 수준으로 현지 언론들도 터무니없이 비싼 가격이라고 비꼬고 있음에도 불구하고 적어도 두세 달 전에 예약해야 할 정도로 인기가 많다. 런던을 방문하는 외국인은 말할 것도 없고 다른 지역의 영국인들도 런던에 오면 반드시 경험해보고 싶어한다고 한다. 이런 인기 속에서 어떤 호텔은 하루에 여섯 번의 애프터눈 티를 준비한다고 알려져 있다.

런던에서 애프터눈 티를 마실 수 있는 멋지고 화려한 공간은 도체스터 호텔, 랭함 호텔, 클라리주스 호텔 등이 있지만 뭐니 뭐니 해도 리츠 호텔을 따라올 수는 없다. 필자도 정장을 입고 참석했지만 리츠 호텔 애프터눈 티에는 반드시 드레스 코드가 있다. 2013년 당시에 약 10만 원 정도였는데, 최근 소식에 따르면 약 14만 원 수준이라고 한다. 물론 그때도 석 달 전에 예약을 했다. 비싸고 번거롭지만 홍차를 사랑하는 애호가라면 한 번쯤 경험해볼 가치는 있다고 생각한다.

얼그레이
트와이닝

　　　　　　　　홍차를 좀 아는 사람 중에서는 "다들 들어
는 봤지만 그렇다고 제대로 아는 사람도 없는" 것이 바로 얼그레이 홍차다.

　　얼그레이Earl Grey는 홍차에 베르가모트라는 과일의 껍질에서 추출한 오
일을 첨가해서 만든 가향차다. 베르가모트는 감귤류 계열의 과일로 이탈
리아가 주산지이며, 알맹이는 떫어 버리고 껍질에서 추출한 오일이 다양
한 용도로 사용된다. 얼그레이 홍차가 전 세계적으로 이렇게 유명해진 것
은 아마도 영국에서 최초로 널리 알려진 가향차이기 때문인 것 같다.

　　그리고 '얼그레이'라는 이름에서 홍차의 특징이나 맛을 연상하는 것은
아무런 의미가 없다. 얼Earl은 백작이라는 뜻으로 얼그레이는 그레이 백작
이라는 실존 인물을 뜻하기 때문이다.

　　베르가모트 향이 더해진 홍차에 얼그레이라는 이름이 붙은 이유에 대
해서는 몇 가지 버전의 이야기가 있지만 가장 많이 알려진 것은 찰스 그
레이Charles Grey 백작이 수상으로 있을 때(1830~1834) 중국 관리가 수상에

베르가모트

찰스 그레이 백작

게 가향차를 선물했고, 이 차를 몹시 마음에 들어한 수상이 차가 떨어져 가자 트와이닝사에 똑같은 것을 요청해서 만든 것이라는 내용이다. 그런 데 이 이야기의 맹점은 중국에 베르가모트로 가향된 차가 없었다는 것이 다. 가장 설득력 있다고 여겨지는 이야기는 다음과 같다.

지중해 국가인 그리스에 코르푸Corfu라는 섬이 있는데, 이곳이 전통적 으로 베르가모트의 가장 큰 거래처였다. 1830년대 영국 해군의 지중해 기지가 이 섬에 있었다. 이곳에 주둔하던 영국 해군이 홍차를 마셨음은 분명하고 호기심으로 지천에 널린 베르가모트 오일을 홍차에 넣었을 수 도 있다. 이 베르가모트 오일을 넣은 홍차가 영국에서 유행할 무렵 수상 이 바로 찰스 그레이 백작이었고, 수상 또한 이 차를 몹시 좋아했으므로 이 가향차가 얼그레이라고 불리기 시작하지 않았을까 하는 내용이다.

또 한 가지 논란은 얼그레이 레시피를 처음으로 만든 회사에 관한 것 인데 알려진 것과는 달리 트와이닝사가 아니고 잭슨스 오브 피커딜리Jack-sons of Piccadilly사라는 것이다. 이 회사는 오랫동안 자신들이 원조임을 주 장해왔지만 1990년 트와이닝사에 인수 합병됨으로써 논쟁은 유야무야되 어버렸다. 차의 세계에서는 전설이 훨씬 더 아름답고 낭만적일 때가 많으 므로 굳이 너무 깊게 들어가지 않는 것이 좋을지도 모르겠다.

얼그레이 홍차에 자신의 이름을 남긴 찰스 그레이 백작은 또한 유명한 스캔들과도 관련이 있다. 18세기 영국 사교계의 여왕으로 불린 데번셔 공 작부인 조지아나와의 사랑이다. 공작부인이자 유부녀인 조지아나와 젊은 정치 지망생 사이에서 딸까지 생겨나자 영국 사교계는 엄청난 파장에 휩 싸인다. 이 내용은 키라 나이틀리가 주연한 영화 「공작부인: 세기의 스캔 들」에 잘 묘사되어 있다. 영화도 재미있다. 이런 연유에서인지는 모르지만 포트넘앤메이슨에서는 '더치스 오브 데번셔Duchess of Devonshire'라는 이름

조지아나 캐번디시

의 차도 판매했다고 하는데 지금의 판매 목록에는 없다.

크기와 형태에서 확연히 구분되는 두 종류의 찻잎이 보인다. 베이스 찻잎은 적어도 두 가지 이상이 블렌딩된 것 같다. 특유의 가볍고 상쾌한 베르가모트 향이 건조한 찻잎에서도 난다. 수색은 약간 어둡지만 그렇게 짙지는 않은 적색이다. 향은 가벼우면서도 매우 심플하다. 그야말로 순수하고 깔끔한 베르가모트 오일이 더해진 듯하다. 바디감도 가볍고 맛도 가볍지만 맛에도 충분히 베르가모트가 녹아들어 맛과 향이 잘 조화되어 있다.

마치 밝고 경쾌한 음악을 듣는 듯한 기분을 느끼게 하는 홍차다. 우린 뒤 엽저에서도 크기와 산화 정도가 다른 찻잎을 구별해볼 수 있다.

전통적으로 얼그레이라면 인도 홍차와 중국 홍차의 블렌딩에 베르가모트를 첨가하는 것이었지만, 현재는 전 세계에 셀 수 없이 다양한 버전의 얼그레이가 판매된다. 베이스가 되는 차에 따라서 혹은 사용하는 베르가모트 오일의 품질이나 양에 따라서 맛과 향이 다양해지는 것이다. 지금도 끊임없이 새로운 버전이 만들어지고 있다.

그럼에도 트와이닝사의 얼그레이는 그 탄생의 전설과 함께 영원할 것이다.

INFORMATION

중량	100g
구입 방법	국내에서 구입 가능하며 판매처에 따라 가격이 조금씩 차이가 있음
우리는 방법	400ml / 2.5g / 3분 / 펄펄 끓인 물

가향차

캐서린 브라간자의 노후

영국의 홍차 역사를 이야기할 때 반드시 언급되는 캐서린 브라간자Catherine of Braganza. 포르투갈의 공주로 1662년 영국 찰스 2세와 결혼하면서 영국 상류층에 차를 알리고 유행시킨 것으로 많이 언급되는 캐서린 브라간자의 노후는 어땠을까? 찰스 2세는 자그마치 14명의 서자가 있었지만 정작 캐서린과의 사이에는 아이가 없었다. 찰스 2세가 죽은 뒤, 독실한 가톨릭 신자였던 캐서린은 성공회가 국교인 영국에서 의회와 종교 문제로 갈등을 겪게 되자 고국인 포르투갈로 돌아가서 그곳에서 마지막 생을 보낸다. 홍차가 아니었다면 역사 속에 묻혀버렸을지도 모르는 공주의 삶이, 400여 년 뒤 한국의 홍차 애호가들 사이에서 유명해지리라고는 꿈에도 상상하지 못했을 것이다.

얼그레이 42번
해러즈

　　　　　　　　　　"유럽의 많은 나라 중에서 유독 영국만이 왜 그렇게 홍차를 많이 마시는 나라가 되었을까?"라는 것이 필자가 많이 받는 질문 중 하나다.

　1650년 옥스퍼드에 영국 최초의 커피하우스가 생겼으며 이어서 1652년에는 런던에도 커피하우스가 생겼다. 차도 처음에는 커피하우스에서 팔렸다. 이처럼 커피가 차보다 10년 정도 먼저 영국에 소개되었고 먼저 유행했음에도 (홍)차에 뒤처진 이유는 전쟁 때문이었다. 영국은 커피를 주로 지중해 동부 지역인 레반트, 즉 현재의 시리아, 요르단, 레바논 지역에서 수입해왔다. 그러나 17세기 말 무렵 정치적인 이유로 프랑스와 전쟁을 벌인 이후에는 프랑스가 장악하고 있는 지중해로의 접근이 차단되었고 커피 수입도 원활하지 못했다.

　반면 영국은 아시아 항로에서는 우위에 있었고 아시아 무역은 동인도회사가 독점하고 있었다.

영국 동인도회사의 본부인 이스트 인디아 하우스East India House

영국 동인도회사는 단지 하나의 회사가 아니었다. 어떻게 보면 영국이라는 나라에 버금가는 "나라 안의 나라"라고 불릴 정도로 엄청난 힘을 가지고 있었다.(세포이 항쟁의 여파로 인도 통치를 영국 정부에 넘긴 1858년까지 인도를 실제로 통치한 것은 동인도회사였다. 그러니까 한 회사가 인도를 통치한 것이다!) 영국이 아시아 항로를 장악하고 있었다고는 하지만 실제로는 동인도회사가 장악하고 있었다고 하는 것이 더 정확한 표현일 것이다.

커피 수입이 어려울 때 이 동인도회사가 비교적 원활하게 차를 영국으로 수입해왔고, 그 막강한 힘으로 영국인들이 차를 (혹은 차만을) 마시게끔 한 것이다. 영국인들이 차를 많이 마실수록 차를 수입해오는 동인도회사의 이익이 커졌기 때문이다. 물론 영국이 홍차의 나라가 된 이유는 여러 가지가 있겠지만 차 역사가들은 전쟁과 동인도회사 두 가지를 가장 중요한 요인으로 여긴다.

다른 나라 사람들과 달리 영국인들의 DNA에 홍차와 관련된 특별한 것이 있는 게 아니라 단지 오래전부터 많이 마셔서 홍차에 익숙하고 길들여진 것이다.

마찬가지로 얼그레이도 영국에서 처음 유명해진 가향차이며 전 세계로 영국의 영향력이 확대되어가면서 영국 홍차의 대명사로 알려지게 되었다.

그리고 유명세와는 달리 우리나라 홍차 애호가들 중에는 얼그레이를 좋아하지 않는 분이 많다. 필자 또한 그중 하나다. 그럼에도 해러즈 42번 Earl Grey No.42은 소개할 만한 가치가 있다고 생각한다.

거의 검은색에 가까운 색상에 두 종류 정도의 찻잎이 블렌딩된 것처럼 보이나 비교적 균일한 편이다. 마른 찻잎에서 나는 향은 상당히 풍성해 마치 여러 종류의 베르가모트 향을 섞은 듯 느껴진다. 수색은 짙은 호박색이다. 예쁘기보다는 안정되고 점잖아 보인다. 향도 매우 복합적이다. 베르가모트 향에도 나이가 있다면 적어도 40세 이상은 되어 보인다. 반면에 트와이닝의 베르가모트 향은 20대 초반이다.

해러즈 42번은 적당한 바디감에 차 자체도 참 맛있다. 베이스가 되는 차도 매우 고급스러운 느낌이며 베르가모트 향도 튀지 않고 자연스럽게 조화되어 있다. 가향차라도 베이스 차가 매우 중요하다. 아무리 양념이 훌륭한 음식이라도 바탕이 되는 생선이나 야채가 좋지 않으면 그 최종적인 맛에 한계가 있기 마련이다.

엽저의 색상이나 크기로 보아 적어도 4개 이상의 찻잎이 블렌딩된 것 같다. 트와이닝의 얼그레이가 청순하고 해맑은 소녀 분위기라면, 해러즈의 얼그레이는 「국화 옆에서」라는 시에 나오는 "머언 먼 젊음의 뒤안길에서 인제는 돌아와 거울 앞에 선 내 누님" 같은 분위기를 주는 홍차다. 취향대로 선택하는 것이 좋을 듯하다.

얼그레이 42번

INFORMATION

중량	125g
가격	9.5파운드(14번, 16번, 42번을 묶어서 25파운드에 판매)
구입 방법	www.harrods.com(직구 가능)
우리는 방법	400ml / 2.5g / 3분 / 펄펄 끓인 물

레이디 그레이
트와이닝

랍상소우총과 건파우더에 베르가모트 향을 더한 포트넘앤메이슨의 스모키 얼그레이Smoky Earl Grey, 다르질링에 레몬을 첨가한 로네펠트의 얼그레이, 이외에도 얼그레이 우롱차Earl Grey Oolong, 얼그레이 센차Earl Grey Sencha, 얼그레이 푸얼차Earl Grey Pu-erh, 심지어 루이보스에 베르가모트 향을 더한 루즈 얼그레이Rouge Earl Grey 등 다양한 회사에서 나온 수많은 버전의 얼그레이가 있다.

이 중에서도 트와이닝사가 얼그레이의 우아한 사촌이라 주장하는 레이디 그레이Lady Grey는 베르가모트 향에 오렌지와 레몬까지 첨가한 것이다.

찻잎은 짙은 갈색이며 크기와 형태가 균일하지 않아 여러 종류의 잎이 블렌딩됐다는 것을 알 수 있다. 얼그레이와 비교하니 비슷해 보이기는 하나 레이디 그레이 찻잎이 다소 큰 것으로 보아 동일한 베이스는 아닌 것 같다. 수레국화의 보라색 잎이 시각적인 즐거움을 준다.

수색은 짙은 호박색 혹은 아주 옅은 적색으로 매우 아름답다. 얼그레이와 같은 베르가모트 향을 사용했다고 하지만 레몬과 오렌지 때문인지 심플하기보다는 다소 복합적인 향이 올라온다. 맛 또한 다소 복합적이다. 레이디 그레이라는 이름에서 자연스럽게 연상되는 상큼 발랄함은 기대보다는 덜하지만 어떤 면에서는 맛과 향이 더 풍성한 듯한 느낌이다. 어쩌면 소개 문구에 있는 "얼그레이의 우아한 사촌"이라는 표현이 매우 적합한 것 같기도 하다.

레이디 그레이

INFORMATION

중량   100g
구입 방법   국내에서 구입 가능하며 판매처에 따라
             가격이 조금씩 차이가 있음
우리는 방법   400ml / 2.5g / 3분 / 펄펄 끓인 물

재스민 실버 니들
포 트 넘 앤 메 이 슨

서양에서 가장 유명하고 널리 알려진 가향차가 얼그레이라면 중국인들이 가장 좋아하면서도 널리 알려진 가향차는 재스민 꽃으로 향을 입힌 것이다. 재스민 꽃 향을 첨가한 차는 중국 명나라 때부터 유행하기 시작했다. 덩어리 형태인 긴압차緊壓茶로 차를 만들던 당나라, 송나라 시기에서 오늘날의 잎차, 즉 산차散茶 형태로 전환한 시기다. 따라서 17세기에 중국의 차가 유럽으로 전해질 때 이 재스민 가향차도 같이 들어갔으며 이때부터 서양에 알려지기 시작했다.

가향차라도 향을 입히는 방법이 조금씩 다른데, 얼그레이 같은 경우는 향 오일Flavoring Oils을 찻잎에 뿌리는 방법이다. 즉 작은 레미콘처럼 생긴 용기에 찻잎을 넣는데, 이 용기 속에는 노즐이 있어 일정 시간에 한 번씩 용매에 섞인 향 오일이 노즐을 통해 분사되는 것이다. 그러는 동안 이 레미콘 모양의 용기는 위, 아래, 좌, 우로 뒤집히면서 움직여 향 오일을 찻잎에 골고루 섞는다. 그런데 티백에 들어가는 아주 작은 찻잎에는 오일 대

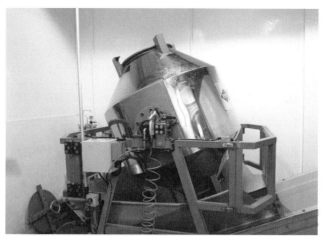

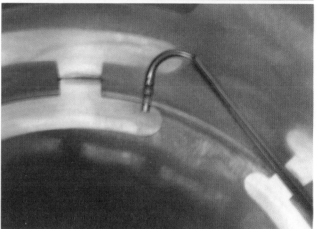

작은 레미콘에서 향 오일을
분사하고 골고루 섞는 모습

신에 향 입자Flavoring Granules를 사용하는 경우도 있다. 티백에 든 가향차를 우리기 전에 찢어보면 마치 하얀색 이처럼 생긴 향 입자가 보이곤 한다.

높은 가격의 정통 재스민 차 같은 경우는 찻잎과 재스민 꽃잎을 뒤섞어 꽃에서 발산하는 향을 찻잎이 흡수하게 하는 방법을 사용한다. 찻잎과 꽃잎을 뒤섞어놓는 시간은 10시간 정도이며 이후에는 기존의 꽃잎을 버리고 새로운 꽃잎을 가져와 또다시 뒤섞어두는 과정이 반복된다. 횟수가 늘어날수록 꽃잎의 양도, 뒤섞어두는 시간도 줄어든다.

일반적으로 이 횟수가 많을수록 좋은 재스민 차라고 여겨진다.

이런 재스민 차 중에서도 매우 귀하게 여겨지는 것이 바로 백호은침, 즉 백차에 재스민 향을 입힌 것이다. 홍차 회사들은 백호은침에 재스민 향을 입힌 다양한 수준의 차를 판매하고 있다. 포트넘앤메이슨의 재스민 실버 니들은 중국 푸젠 성에서 생산한 것이다. 푸젠 성은 백호은침의 고향이기도 하지만 재스민 가향차로도 유명한 곳이다.

푸른 기운이 약하게 도는 하얀색의 싹으로만 이루어져 있다. 솜털이 붙어 있는 싹은 매우 단단해 보인다. 간결하다. 차가 들어 있는 틴을 열면 서늘한 느낌의 재스민 향이 올라오지만 틴 안에 머물면서 위로 솟구치지

는 않는다.

수색은 거의 투명한 물과 같은 색이다. 하지만 마치 꿀물처럼 물 자체가 상당히 밀도감이 있어 보여 숟가락으로 뜨면 깔끔하게 떠지지 않고 꿀처럼 아래로 죽 흘러내릴 것 같다. 우린 차에서 올라오는 향은 마른 찻잎에서 올라오는 것과는 달리 무게가 있다. 차분한 느낌이다. 향이 매우 안정감이 있다. 바디감은 원래 백호은침이 그러하듯이 매우 강하다. 맛에서도 향이 느껴지는데 마찬가지로 안정감이 있다. 떫은맛은 없고 묘한 단맛이 느껴진다. 찻물의 바디감과 향의 무게감이 입안을 가득 채우는 것 같다. 코를 갖다 대면 확 와 닿지는 않지만 가슴 쪽에 차를 놓고 컴퓨터 작업을 하면 향이 서서히 피어올라 책상 주위를 가득 채우는 듯하다. 찾으려면 눈에 확실히 보이지는 않지만 주위에 있는 것은 분명한 그런 느낌이다. 차가 완전히 식어버리니 오히려 향이 더 강해진다.

백호은침을 마시기 위해서는 약간은 훈련된 미각이 필요하듯이 재스민을 가향한 백차도 섬세한 미각을 필요로 하는 듯하다.

수분을 머금은 싹은 부피가 훨씬 커졌다. 하지만 여전히 단단해 보인다. 색은 옅은 라임 빛이다. 마른 싹과 마찬가지로 매우 간결하다.

INFORMATION

중량	100g
가격	29.95파운드
구입 방법	www.fortnumandmason.com(직구 가능)
우리는 방법	400ml / 2.5g / 6분 /
	끓인 후 식힌 물(85℃ 전후)

드래건 피닉스 펄

티 팰리스

　　드래건 피닉스 펄(드래건 펄 재스민, 재스민
펄 등 다양한 이름으로 불린다)은 녹차에 재스민 향을 입힌 것이다. 명칭에
서도 알 수 있듯이 진주 모양을 한 둥근 형태의 차다. 펄 재스민은 특히나
외형이 아름다운데 어두운 녹색을 배경으로 밝은 회색선이 두드러져 보
인다.

　　푸젠 성 북부의 푸안福安은 재스민 차로 유명한 곳이다. 이 근처에 백
호은침 생산지로 잘 알려진 정허政和와 푸딩福鼎도 있다. 이 푸안 지역에서
백호은침을 만드는 품종으로 싹이 유달리 크기로 유명한 대백종 차나무
의 싹과 잎으로 만드는 것이 펄 재스민이다. 아주 이른 봄의 찻잎으로 녹
차를 만든 다음 재스민 꽃이 피는 여름까지 보관된다.

　　진주 모양으로 만드는 것은 기본적으로 수공이다. 마른 찻잎이 유순해
지도록 습기를 가한 상태에서 사람의 손으로 둥글게 말아서 만든다. 재스
민 향을 더하는 방법은 앞서 소개한 재스민 실버 니들스와 비슷하다. 찻잎

과 꽃잎을 더미로 쌓아놓는 방법도 있지만, 큰 냉장고 같은 내부에 식사 후 식판을 꽂는 트레이 같은 것이 있어 한 칸은 찻잎, 한 칸은 꽃을 넣고 문을 닫아두는 방법도 있다. 일정 시간이 지나면 꽃을 교환해준다.

보면서도 신기하다. 어떻게 손으로 이렇게 작고 단단하고 둥글게 말 수 있을까? 옅은 쑥색의 작은 공에 회색을 띤 흰색 선이 참 예쁘게 조화되어 있다. 일단은 외형에서 호감이 가는 차다.

수색은 아주 옅은 베이지 색이다. 사실 하얀색 잔에 담겨 있어 차가 있다는 것은 알 수 있지만 딱히 뭐라고 말하기가 어려운 수색이다. 향은 매우 차분하지만 힘이 있다. 바디감도 상당히 느껴진다. 맛에 있어서는 싹으로만 만든 실버 니들보다는 신선함도 있고 복합미도 있다. 그러면서도 입안을 감싸는 달콤함이 기분 좋다. 그냥 재스민 향을 마시고 있는 것 같다. 하지만 "향을 마신다"는 표현에서 느껴질 수 있는 그런 부담스러움은 전혀 없다.

싹도 옅은 라임색으로 변해버려 엽저에서는 싹과 잎이 색으로는 구별되지 않는다. 거의 모두 싹 하나 잎 하나가 연결되어 있다. 싹도 작고 잎도 아주 작다. 정말 아주 이른 봄, 작은 싹과 어린잎으로 만들었다는 것이 분명히 드러난다. 유념採捻 또한 아주 약하게 그리고 부드럽게 된 것을 알 수 있다.

결코 낮은 가격의 차는 아니지만 이런 경우는 충분히 그 값어치가 있다고 생각한다. 하지만 훨씬 더 비싼 가격의 펄 재스민도 있고 우리나라 할인점에서 저가에 판매되는 펄 재스민도 있다. 선택은 각자 하면 된다.

펄 재스민은 지난 몇 년 동안 갑자기 많이 알려진 차 중 하나다. 참고로 아카데미에서 수업할 때도 항상 반응이 좋은 차다.

드래건
피닉스 펄

INFORMATION

중량	125g
가격	23파운드
구입 방법	www.teapalace.co.uk (직구 가능)
우리는 방법	400ml / 2.5g / 5분 / 끓인 후 식힌 물(85℃ 전후)

아이리시 몰트

로네펠트

위스키는 증류주다. 즉 보리나 밀, 옥수수 등과 같은 곡물의 싹을 틔워서 발효시켜 만든 맥주처럼 걸쭉한 발효주를 증류시킨 것이다.(참고로 포도를 발효시킨 와인을 증류하여 만든 것이 브랜디다.) 이 중 보리의 싹을 틔워 건조시킨 몰트malt(맥아)만을 원료로 해서 제조한 것을 몰트위스키라고 하며 몰트위스키 중에서도 한 증류소에서 증류시켜 만든 것을 싱글몰트위스키single malt whiskey라고 한다. 여러 곡물로 만든 위스키도 있기 때문에 보리만으로 만든 몰트위스키는 일반적으로 고급이며 보통은 여러 증류소에서 만든 위스키를 블렌딩하기 때문에 한 증류소에서만 만든 싱글몰트위스키는 더 고급으로 여긴다. 이건 마치 싱글 이스테이트Single Estate 다원차를 고급차로 여기는 것과 똑같은 개념이다.

따라서 싱글몰트위스키라는 말은 최고급 위스키를 의미한다. 그리고 이 위스키를 생산하는 가장 대표적이고 유명한 나라가 스코틀랜드다. 이런 연유로 스카치위스키Scotch whiskey라는 용어에 우리가 익숙한 것이다.

그리고 여기에 나오는 보리의 싹을 틔운 몰트의 향이 바로 우리가 아삼 홍차의 대표적인 향이라고 말하는 바로 그 몰트 향이다. '몰트'라는 단어는 술 좋아하는 사람에게는 몰트위스키를 생각나게 하며 홍차를 좋아하는 사람에게는 아삼 홍차를 떠올리게 하는 중의성이 있다.

따라서 아이리시 위스키 향을 가향해서 만든 아이리시 몰트Irish Malt의 베이스 홍차가 아삼인 것은 너무나 당연하다. 그리고 위스키의 대명사인 스카치위스키 향이 아닌 상대적으로 덜 유명한 아이리시 위스키 향을 선택한 것도 이유가 있다. 가공 과정에서의 차이로 인해 아이리시 위스키 향이 더 깨끗하고 부드럽다는 특징이 있기 때문이다. 이 또한 아이리시 몰트의 맛과 향이 지향하는 점을 암시하고 있는 듯하다. 위의 설명은 '아이리시 몰트'라는 제품명으로부터 추론해낸 것이다.

아이리시 몰트

거의 검은색에 가까운 FOP 등급의 찻잎은 자세히 보면 균일한 편은 아니나 전체적으로는 단정하고 예뻐 보인다. 같이 있는 큼직한 코코아 껍질 조각이 인상적이다. 그만큼 향도 인상적이다. 부드럽고 섬세한 위스키 향에 달콤한 코코아, 초콜릿 향이 틴에 가득 차 있다.

수색은 깊이가 있어 보이는 약간 어두운 적색이다. 건조한 찻잎에서 나는 향은 우린 차에서는 한 번 정도 걸러져 나는 듯하다. 그럼으로써 향이 순화되고 더 조화가 잘되는 것 같다. 이는 좋은 가향차가 갖는 특징이기도 하다. 바디감이 상당하며 부피감이 느껴질 정도다. 찻물이 깔끔하지는 않다. 포함된 향이나 코코아 껍질로 인한 것일 수 있다. 어떻게 보면 코코아에 위스키를 섞어 아주 약하게 희석해서 마시는 듯한 느낌도 든다.

위스키의 맛과 향도, 초콜릿의 맛과 향도 너무나 자연스럽게 아삼 홍차와 조화된 것 같다. 비교적 좋은 아삼으로 여겨지는 세컨드 플러시가 베이스다. 반복해서 말하지만 좋은 가향차의 조건 중 하나는 더해지는 향뿐만 아니라 베이스 홍차의 품질이 좋아야 한다는 것이다. 이름도 예쁜 아이리시 몰트 또한 이 조건에 부합하는 명품 가향차 중 하나다.

INFORMATION

중량	100g
가격	4.6유로
구입 방법	www.tee-kontor.net(직구 가능)
우리는 방법	400ml / 2.5g / 3분 / 펄펄 끓인 물

PRODUCT 10

오리엔트 미스터리
아크바

와인과 홍차는 닮은 면이 많다. 품종에 따라 맛과 향이 다르다는 점에서 그렇다. 뿐만 아니라 생산지에 따라서, 가공 방법에 따라서도 맛과 향이 달라진다는 점에서도 닮았다. 품종이나 생산지가 다른 와인이나 홍차를 블렌딩해서 새로운 맛과 향을 만들어낼 수 있다는 것도 매우 유사한 점이다.

또 홍차에서 다르질링, 아삼, 누와라엘리야 등 유명 산지와 그 산지의 유명 다원이 있는 것처럼 와인에서도 보르도, 부르고뉴, 피에몬테 등 유명 산지와 그 산지의 세계적인 포도원들이 있다. 테이스팅을 할 때 수색, 향, 맛으로 평가하는 것도 매우 유사하다.

와인 전문가이자 홍차 전문가인 제임스 노우드 프랫은 와인과 홍차 모두 예술작품이 될 수 있는 농산물이라는 점에서도 닮았다고 했다. 와인을 좋아하는 사람들은 와인을 밤새 마시면서 즐겁게 대화할 수 있고, 홍차를 좋아하는 사람들 역시 하루 종일 마시면서 시간 가는 줄 모르고 대화할 수 있다.

한 가지 더 추가한다면 필자가 쓴 『홍차수업』의 서문에 있는 문구처럼 공부하면서 마시면 훨씬 더 맛있어진다는 점에서도 닮았다. 즉 "와인이 그러하듯이 홍차 또한 내가 마시는 것이 어떻게 만들어졌는지, 어디서 생산되었는지, 어떤 역사를 지니고 있는지를 알면 맛이 훨씬 더 좋아지는 음료다."

물론 다른 점도 많다. 와인도 마실 준비를 어떻게 하느냐에 따라서 어느 정도 맛과 향이 다르지만 홍차는 그야말로 우리는 사람에 따라서 맛과 향이 완전히 달라질 수 있다. 또 하나는 홍차는 오래 둘 수가 없다는 것이다. 좋은 와인은 오래 묵히면 맛과 향이 좋아지지만 홍차는 시간이 흐르면 맛과 향이 나빠지는 것이 일반적이다.

앞 장에 이어 연속해서 술 이야기를 하는 이유는 '오리엔트 미스터리Orient Mystery'의 향에서 특이하게도 리큐어liqueur의 향을 느꼈기 때문이다. 리큐어는 발효나 증류시킨 술에 과실, 꽃 등 초근목피의 향료 성분을 넣어 만든 것으로 감미가 있고 칵테일의 재료로도 많이 쓰인다.

앞의 아이리시 몰트는 위스키 향을 가향했다고 밝혔지만 오리엔트 미스터리는 홍차와 녹차 베이스에 단지 재스민, 장미, 해바라기 꽃을 넣었다고 되어 있는데 어떻게 이런 향이 나는지는 알 수가 없다.

찻잎이 들어 있는 봉지에서는 아주 묘한 향이 올라온다. 언뜻 한약재가 섞인 달콤한 체리 향이 느껴지기도 한다. 찻잎은 뚜렷한 두 종류로 구분되는데 아주 짙은 갈색은 홍차이고, 조금 크며 옅은 색은 녹차겠지만 녹색을 띠지 않아 사전 정보가 없다면 마른 잎만으로는 녹차임을 알 수 없을 것 같다. 분홍색의 장미 꽃잎과 베이지색의 기다란 해바라기 꽃잎도

다양한 향의 리큐어

보인다.

수색은 아주 예쁜 적색이지만 투명하지는 않다. 리큐어 특유의 이국적이며 동양적인 향이 강하게 올라온다. 한 모금 마시면 이제야 익숙한 차맛이 입안에서 느껴진다. 바디감은 있는 편이고 홍차와는 조금 다른 녹차의 수렴성이 있다. 향이 입안에서 매우 달콤하게 와 닿는 느낌이다. 마시기 위해 찻잔을 입술에 대는 순간 이 독특한 향이 코에 먼저 자극을 주는 것이 묘한 매력이다. 첨가된 장미꽃, 해바라기꽃, 재스민의 어떤 조합으로 이런 독특한 향을 만들어내는지는 알 수 없지만 묘하게 이국적이고 미스터리한 향임은 분명하다.

아라비안나이트의 신드바드가 마시는 차라면 아마도 이런 향이 날 것 같다. 제품명을 '오리엔트 미스터리'라고 한 것은 분명 이런 맛과 향을 염두에 둔 것일 테다. 틴의 디자인과 색감도 매우 동양적인 보물상자 같아 미스터리를 더하고 있다.

가향차

중량　　　　250g
구입 방법　　국내에서 구입 가능하며 판매처에 따라
　　　　　　가격이 조금씩 차이가 있음
우리는 방법　400ml / 2.5g / 3분 / 펄펄 끓인 물

PRODUCT 11

모로칸 민트
딜마

우리말로 박하라고도 불리는 민트는 톡 쏘면서도 상쾌한 청량감이 있는 허브 식물이다. 다양한 품종이 있으나 일반적으로 가장 널리 사용되는 것은 페퍼민트와 스피어민트다. 유럽 전체에 걸쳐 재배되나 페퍼민트는 특히 지중해 연안에서 많이 재배되며 지중해의 북아프리카에 위치한 모로코는 전통적으로 페퍼민트 잎으로 만든 차를 마셔왔다. 이 민트 차에 녹차를 넣은 것이 바로 모로칸 민트Moroccan Mint라는 매우 낭만적인 이름의 차다. 모로코 인들은 민트 차가 주는 다소 거친 맛을 완화시키기 위해 녹차를 블렌딩하는 것을 좋아했다. 홍차보다 녹차를 선호한 이유는 녹차의 색깔과 민트의 색깔이 잘 조화되었기 때문이라고 한다. 민트 잎을 잘게 찢어 직접 마른 녹차에 넣기 때문에 색상의 조화가 더 중요했을지도 모른다. 원래는 녹차 중에서도 아주 작은 구슬 모양으로 뭉친, 중국인들이 주차珠茶라고 부르는 것을 넣었는데, 이것이 서구인들 눈에는 총탄처럼 보여 건파우더Gunpowder로 불렀다.

민트 잎

모로칸 민트를 따르고 있는
터번 쓴 아랍인

머리에 하얀 터번을 두르고 수염을 기른 아랍인이 금색 테두리로 둘러진 푸른색, 자주색, 녹색, 붉은색의 유리컵에 은으로 만든 긴 주둥이의 티포트로 차를 따르는 사진을 본 적이 있을 것이다. 모로코 인들은 여기에 설탕을 넣어 달콤해진 차를 매일 어느 곳에서나 어느 연령에서나 즐기는 국민 음료로 발전시켰다. 오늘날은 전 세계인들이 마시는 음료로 확산되었다.

거의 모든 유명 홍차 회사는 전통적 방법에 약간씩 변화를 준 자신들만의 레시피로 만든 모로칸 민트를 판매하고 있다.

작고 단단하게 큰 쌀알 크기로 뭉쳐진 일반적인 건파우더 형태는 아니고 둥근 형태에 가깝도록 거칠게 뭉쳐졌다는 표현이 더 적합할 것 같은 올리브 그린색의 녹차와 조각난 옅은 연두색의 페퍼민트가 뚜렷하게 보인다. 제품의 틴에는 사용된 녹차가 스리랑카에서 생산한 영 하이슨Young Hyson이라고 나와 있는데, 영 하이슨은 중국의 가장 일반적인 형태의 녹차를 가리키는 미차眉茶를 영어식으로 표현한 것이다.

모로칸 민트

수색은 옅은 노란색이다. 마른 찻잎에서 강렬하게 나는 민트 향은 우린 차에서는 그렇게 강하게 솟아오르지는 않는다. 바디감은 그다지 강하지 않고 아주 깔끔한 맛이다. 마시면 입안 전체에 싸한 민트 향이 기분 좋게 퍼지는 것이 매력이다. 모로코 인들이 설탕을 넣는 이유는 잘 모르겠다. 넣지 않아도 충분히 맛있다. 식어가면서 약간 떫은맛은 느껴진다. 완전히 풀어진 엽저는 거의 온전한 형태의 상당히 큰 찻잎이다. 민트 조각은 마른 잎에서만큼은 잘 보이지 않는다. 기분을 상쾌하게 하고 싶을 때나 식사 후 디저트 음료로 마시기에 아주 좋을 것 같다.

INFORMATION

중량	80g
우리는 방법	400ml / 2.5g / 3분 / 끓인 후 약간 식힌 물(90°C 전후)

*이 제품은 한국 딜마에서 수입하지는 않는다. 필자는 현지에서 구입했으며 현재로서는 구입이 어려울 것으로 보인다. 다른 브랜드의 모로칸 민트를 구입하는 것도 하나의 방법이다.

카사블랑카
마리아주 프레르

카사블랑카

전통적인 모로칸 민트를 현대적으로 재해석한 것이 마리아주 프레르의 카사블랑카Casablanca다.

1986년에 발매한 이 차는 마리아주 프레르를 인수한 키티 차 상마니가 직접 블렌딩한 것으로 녹차와 민트로 이루어진 전통적인 모로칸 민트에 홍차와 베르가모트 향을 추가로 넣어 실험 정신으로 만든 차다. 당시로는 파격적인 레시피였다고 한다. 그 이후 30년이 지난 오늘날까지도 마리아주 프레르의 스테디셀러 중 하나다.

틴 뚜껑을 열면 싸하게 달콤한 향이 올라오면서 기분을 매우 상쾌하게 만든다. 밝은 녹색의 녹차가 바람이 빠져 반쯤 눌린 공과 같은 형태를 띠고 여기에 아주 짙은 녹색의 홍차가 섞여 있다. 군데군데 민트 조각도 눈에 띤다. 녹색 계열의 세 가지 잎의 조화가 우아하다. 차가 우려지고 있는 유리 티포트를 보면 마른 찻잎에서 보였던 것보다 더 많은 민트 조각이 보인다.

　수색은 전형적인 호박색이다. 매우 달콤한 민트 향이 올라온다. 마른 찻잎에서도 달콤한 향이 났는데, 민트와 베르가모트가 결합된 효과인 것 같다. 적당한 바디감이 있고 그렇게 가볍게 느껴지는 차는 아니다. 마실 때도 달콤한 민트 향이 느껴지지만 모로칸 민트처럼 신선하고 상쾌한 맛은 좀 덜하다. 좀 중후한 느낌이다. 녹차에 홍차가 블렌딩된 효과도 있을 것이고, 베르가모트 향이 달콤한 맛을 내주긴 하지만 상쾌한 맛을 줄이는 역할도 한 것 같다. 마른 찻잎에서는 홍차 잎이 더 많아 보였는데, 엽저를 보니 풀어진 녹차의 큰 잎 때문인지 녹차가 훨씬 더 많아 보인다. 민트 조각은 잘 보이지 않는다.

영화 「카사블랑카」 포스터

청순미는 줄고 세련미는 늘었다고 할까? 청순한 모로칸 민트와 세련된 카사블랑카를 한번 비교해보시길.

지브롤터 해협을 두고 지중해와 대서양에 걸쳐 있는 모로코의 가장 낭만적인 도시 중 하나가 카사블랑카다. 이 차가 모로칸 민트에서 영감을 얻었기 때문에 제품명을 카사블랑카로 붙였으리라. 어쩌면 영화 「카사블랑카」도 영향을 미쳤는지 모른다.

젊은 세대에는 익숙하지 않을 수 있지만 제2차 세계대전을 배경으로, 세기의 배우라 불리는 잉그리드 버그먼과 험프리 보가트가 주연한 영화 「카사블랑카」의 배경 도시 카사블랑카가 있는 나라가 모로코다. 이런 모든 것이 합쳐져서 카사블랑카를 더 달콤하게 만드는지도 모르겠다.

INFORMATION

중량	100g
가격	14유로
구입 방법	www.mariagefreres.com(직구 가능)
우리는 방법	400ml / 2.5g / 3분 / 펄펄 끓인 물

에스프리 드 노엘

마리아주 프레르

홍차를 사랑하는 사람이라면 한 번쯤 가보았을 카페쇼에는 매년 많은 홍차 브랜드가 참석한다. 근래에 참가하는 브랜드나 관람객이 증가하는 추세였지만, 2015년에는 더욱 눈에 띄었다. 그리고 참가 브랜드들이 가향차에 더욱 집중한다는 것이 또 다른 특징이다. 이 추세는 2016년에도 그대로 이어졌다.

가향차는 홍차에 익숙하지 않은 초심자들을 홍차의 세계로 이끄는 데 매우 중요한 역할을 한다. 아삼, 다르질링, 우바 같은 정통 홍차의 매력에 익숙해지기 전 단계의 대부분의 사람, 특히 젊은 여성들에게 가향차의 향은 너무나 매력적으로 다가온다. 또한 차를 판매하는 회사들도 생산량이 한정되어 비교적 고가인 다원차나 단일 산지차보다는 비교적 저렴한 차를 사용해 자신들의 가향 기술로 새로운 영역을 만들고 또 경쟁력도 갖출 수 있는 가향차에 많은 투자를 한다.

수많은 가향차 중에는 특정한 날을 기념하기 위하여 만든 차도 많다.

대표적으로 밸런타인 티, 이스터 티Easter Tea, 크리스마스 티 등이 있다. 크리스마스 티 가운데 가장 대표적인 것이 바로 노엘이다. 프랑스어로 크리스마스라는 뜻이다.

노엘은 유럽인들의 전통적인 크리스마스 과일인 오렌지를 포함해, 시나몬, 바닐라, 정향 같은 향신료들이 블렌딩된 홍차다. 1984년에 마리아주 프레르가 출시한 제품으로 이들의 주장을 그대로 믿는다면 어떤 특정한 휴일을 축하하기 위해 만든 세계 최초의 차라고 한다. 요즘은 거의 모든 브랜드가 자신들만의 레시피로 블렌딩된 크리스마스 티를 가지고 있다. 마리아주 프레르는 2014년 크리스마스 때 기존 노엘 외에 새로이 블렌딩된 3종의 크리스마스 티를 한정판으로 판매했으며, 2015년에도 5가지 블렌딩을 한정판으로 판매했다. 2015년의 경우 홍차, 청차, 백차, 녹차, 루이보스 이렇게 다섯 가지의 다른 차를 베이스로 해서 출시했다. 게다가 화려한 틴의 외관은 홍차가 아니라 틴을 위해서라도 구입하고픈 충동을 불러일으킨다. 차를 음료가 아니라 패션 제품으로 만드는 것 같아 보이긴 해도 핵심 타깃인 젊은 여성들에게는 아마도 엄청난 매력으로 다가올 것 같다.

오리지널 노엘Esprit de Noel의 찻잎은 홀리프 수준의 크기이며 함께 블렌딩된 여러 향신료가 눈에 띈다. 오렌지 향이 주를 이루나 다양한 향신료도 잘 조화되어 비교적 안정감 있는 느낌을 준다.

수색은 맑고 가벼운 적색이다. 아마도 스리랑카 홍차가 베이스인 것 같다는 추측을 해본다. 우린 차향은 건조한 차의 향보다도 더욱 완전히 조화되어 각각의 향은 사라지고 오렌지 향을 중심으로 새로운 향이 만들어진 듯하다. 일반적으로는 가향차를 우렸을 때 건조한 찻잎에서 나는 향

에스프리 드
노엘

이 그대로 있으면서도 약간 부드러워진 듯한 느낌을 주는 것이 좋은 가향
차의 특징인데, 노엘 또한 그러하다. 한 모금 마시면, 인공적으로 무엇인
가를 더했다기보다는 마치 좋은 봉황단총을 마실 때 입안에서 느껴지는,
차 그 자체에서 나오는 맛과 향처럼 아주 자연스럽다. 특이한 것은 마실
때 오히려 시나몬 향이 두드러진다는 것이다.

메리 크리스마스!

INFORMATION

중량	100g
가격	15유로
구입 방법	www.mariagefreres.com(직구 가능)
우리는 방법	400ml / 2.5g / 3분 / 펄펄 끓인 물

뫼르겐토
로네펠트

뫼르겐토

보통 일본 녹차라고 하면 다도를 생각하고 가루차인 말차를 떠올리지만 실제로 일본 녹차의 대부분은 센차煎茶라는 잎 녹차다. 이 센차 가공법은 18세기 중엽에 발명된 것으로 이 방법으로 만들어진 센차는 다소 귀족적인 말차 대신 대중이 좋아하는 일상적인 차가 되었고, 현재 일본의 가장 대표적이고 전형적인 녹차로 자리잡았다.

가공법에 있어, 우리 전통 녹차와 가장 큰 차이점은 살청을 솥에서 하는 것이 아니라 뜨거운 증기로 한다는 것이다. 이렇게 가공된 차를 증청녹차蒸靑綠茶 혹은 증제녹차蒸製綠茶라 부르는데, 센차는 증기로 찌는 방식을 포함한 가공 방법과 사용된 찻잎의 채엽 시기에 따라서 종류나 등급이 더 세부적으로 분류된다.

보통 찌는 시간이 30~40초 정도였으나 제2차 세계대전 이후 거친 찻잎으로 만드는 센차의 품질을 개선하기 위해 찌는 시간을 3배 정도 늘린 후카무시fukamushi(심증深蒸) 센차를 만들었다. 이 방법으로는 찻잎이 더

많이 파괴되기 때문에 빨리 우러나며 맛도 다소 강해진다. 대신 섬세함은 덜하다. 하지만 오늘날 대부분 이 방법을 사용한다.

　센차의 찻잎 형태는 비교적 곧고 가늘며 길어 바늘 모양 혹은 창 모양 이라고 표현되기도 한다.

　뫼르겐토는 이 센차가 베이스다. 찻잎은 전형적인 센차 형태로 곧고 긴 모양이지만 형태나 크기가 균일하지 않다. 색상도 짙은 녹색 계열이긴 하 나 그 농담이 다양하다. 함께 섞여 있는 수레국화, 장미, 해바라기 등이 눈에 띈다.

　수색은 노란색 톤이 섞인 옅은 녹색이다. 아주 작은 찻잎 분말이 떠돌 다 잔 바닥에 가라앉는다. 증청 방법으로 만드는 일본 녹차의 특징이다. 아주 상쾌하고 싱그러운 향은 초콜릿, 캐러멜, 바닐라 등이 첨가된 현대 식 가향차와는 완전히 다른 분위기다. 가벼운 바디감에 담백하고 상큼한 맛은 가향된 망고와 레몬이 센차 본연의 맛과 향인 것처럼 자연스럽게 조 화되어 있다. 가향차이면서도 전혀 가향차 같지 않은 것이 뫼르겐토의 장점이다. 엽저는 어두운 라임색이며 녹차 이외의 첨가된 것들은 잘 보이지 않는다.

밝은 수색, 가벼운 바디감, 상쾌한 맛과 향 등은 기존의 가향차에 다소 부정적인 분들에게도 적합할 것 같다. 뫼르겐토Morgentau는 독일어로 아침 이슬이라는 뜻인데, 제품명처럼 기분을 밝게 전환시키기에 아주 적합한 녹차 베이스의 가향차다.

뫼르겐토

INFORMATION

중량	100g
가격	12.8유로
구입 방법	www.tee-kontor.net (직구 가능)
우리는 방법	400ml / 2.5g / 3분 / 끓인 후 약간 식힌 물(90°C 전후)

사쿠람보
루피시아

영어권의 차 관련 책을 읽다보면 일본인 오카쿠라 가쿠조(오카쿠라 덴신이라고도 하는데 덴신은 호다)가 쓴 『차 이야기The book of tea』가 많이 언급된다. 1895년 청일전쟁, 1905년 러일전쟁에서 승리함으로써 그 당시 일본은 아시아에서는 유일하게 서구 열강과 어깨를 나란히 하는 신흥 강대국으로 부상했지만, 서양인들은 여전히 문화적으로는 후진국으로 취급했다. 당시 미국과 유럽을 여행하던 오카쿠라 가쿠조는 이에 자극받아 일본 차, 특히 다도를 통해 일본 문화의 우수성을 알리는 책을 영어로 써서 1906년에 뉴욕에서 발간했다. 분량이 많지도 않은 이 책은 서양에서 큰 호평을 받았고 서양인들에게 일본 문화를 알리는 데 실제로 많은 공헌을 했다. 우리나라에도 번역되어 있다. 이외에 다른 이유도 있겠지만 서양인들이 쓴 차 관련 책에서 '차의 역사' '차의 철학' '차의 정신'을 논할 때는 중국과 함께 일본을 반드시 언급한다. 불행하게도 우리나라는 거의 언급되지 않는다.

오카쿠라 가쿠조

사쿠람보

　실제로 일본은 차를 많이 마시는 나라다. 녹차가 주를 이루는데, 약 12만 에이크의 면적에서 연간 10만 톤 정도를 생산한다. 품질도 좋고 또 다양하며 아주 일상화되어 있다. 뿐만 아니라 1867년 메이지유신 이후 서구화를 지향하면서 유럽 문화를 모방하기 시작한 일본답게 홍차 또한 우리가 보면 부러울 정도의 수준이다. 시장 규모도 크고 예쁜 티룸도 많고 유럽의 유명 브랜드들도 거의 다 들어와 있다. 프랑스의 마리아주 프레르 같은 경우는 1985~1986년에 파리에 첫 매장을 낸 후 1990년에 도쿄에 해외 첫 매장을 낼 정도로 일본 시장을 중요하게 여기고 있다. 일본인들이 유럽 문화를 동경하고 또 그만큼 구매력이 있기 때문이다.

　일본은 자체 홍차 브랜드도 많은데 루피시아Lupicia는 가장 유명한 브랜드 중 하나다. 우리나라에도 정식 수입되었으나 몇 년 전 아쉽게도 철수했다. 체리 향을 가향한 사쿠람보Sakurambo는 루피시아의 베스트셀러 중 하나다.

크기와 형태가 다른 몇 종류의 찻잎이 섞여 있다. 빨간색의 작은 핑크페퍼와 흰색의 길다란 로즈메리가 확연히 보인다. 마른 찻잎에서 나는 향은 개성 강한 몇 개의 향이, 조화보다는 각자의 특색을 잃지 않고 긴장감을 이루고 있다. 수색은 조금 짙은 호박색이다. 다르질링 SF의 수색이다. 투명하고 예쁘다. 우린 차에서는 건조한 잎에서 나는 향보다는 서로의 개성을 많이 양보하고 체리 향(이 또한 우리가 알고 있는 체리 향이 아닐 수 있지만 굳이 표현을 하자면)이 다소 주도권을 쥐면서도 한결 부드럽게 조화된 듯하다. 독특한 향이다. 향이 다소 강해 차 맛 자체는 잘 드러나지 않는다. 바디감도 약한 편이다. 하지만 향이 차 맛에 영향을 미쳐 단맛과 쓴맛이 공존하는 듯한 동시성을 준다.

아이스티로 마시는 사쿠람보도 좋다. 급랭시켜 얼음을 제거하고 마시면 농도가 계속 유지되기 때문에 묵직한 듯 귀족적인 맛과 향이 지속된다. 의외로 다소 중후한 맛이다. 남자 어른들도 좋아할 것 같다.

체리와 버찌

벚나무는 서양벚나무와 동양벚나무로 크게 구분되는데, 우리나라에서 주로 자라는, 꽃이 아름다운 것은 동양벚나무다. 벚나무의 열매를 통칭 버찌라고 부르기는 하지만, 서양벚나무의 열매와 동양벚나무의 열매는 전혀 다르다. 서양벚나무의 열매가 우리가 과일로 먹는 체리다. 동양벚나무의 열매는 크기도 훨씬 작고 과일로서의 가치도 떨어지는데, 이를 우리나라에서는 체리와 구별해서 버찌라고 부르기도 한다. 그리고 우리가 과일로 먹는 서양벚나무의 열매인 체리를 일본에서는 사쿠람보라고 부른다. 따라서 루피시아의 사쿠람보에 가향된 것을 버찌 향이라고 부르는 것이 틀렸다기보다는 체리 향이라고 부르는 것이 좀더 정확한 것이다.

사쿠람보

INFORMATION

중량	50g
구입 방법	해외 구매를 대행해주는 업체를 통해 구입 가능하며 업체에 따라 가격이 조금씩 차이가 있음
우리는 방법	400ml / 2.5g / 3분 / 펄펄 끓인 물

BB 디톡스
쿠스미 티

　　　　　　파리 시내를 걷다보면 곳곳에 쿠스미 티 매
장이 눈에 들어온다. 특유의 원통형 모양의 캔에 정말 예쁘고 산뜻한 색
감으로 디자인한 수많은 차가 진열되어 있다. 2013년 8월 파리에서 본 쿠
스미 티Kusmi Tea 매장 입구 오른쪽 유리창에는 'BB 디톡스BB Detox'라고
쓴 노란색 예쁜 둥근 틴과 그 옆에 자몽이 함께 있는 사진이 인쇄된 커다
란 포스터가 붙어 있었다. 왼쪽 유리창에는 이 노란색 틴 실물이 쌓여 있
었다. BB 디톡스라는 상품명이 특이하다는 정도로 생각하고 그때는 그냥
지나쳤다.

　디톡스Detox, Detoxification는 인체 내에 축적된 독소를 제거한다는 뜻으
로 주로 대체의학에서 많이 사용하는 개념이다. BB는 BB크림에서 나온
말로 정식 명칭은 블레미시 밤Blemish Balm이다. 피부과 치료 뒤 피부 재생
및 보호 목적으로 주로 사용하는 제품이다.

파리 시내 곳곳에 있는 쿠스미 티 매장의 외관과 내부 전경

결국 BB 디톡스는 인체 내의 독소 제거를 촉진하여 피부 상태를 개선하는 데 도움이 되는 용도로 나온 신개념 차였다. 녹차, 루이보스, 마테, 민들레, 과라나 등이 들어 있으며 자몽 향으로 가향했다.

이 차가 실제로 이런 효과가 있는지 없는지는 차치하고 굉장히 공격적인 마케팅이라는 생각이 든다. 녹차와 루이보스, 마테 같은 허브는 오랫동안 인류가 차로 마셔온 것이고 나름 그 효과가 검증된 것이다. 그것을 한꺼번에 블렌딩하여 차를 만들고는 새삼 독소 제거를 통해 피부에 좋다는 아주 구체적인 주장을 하는 것이 얼마나 탁월 혹은 뻔뻔(?)한가!

차에 대한 필자의 철학은 "팍팍한 삶에 위안이 되고 삶을 풍요롭게 하기에 차를 마시는데, 마시다보니 건강에도 좋다"는 것이다. "건강에 좋으니 마시자"는 것은 아니다.

지나치다는 생각은 들지만 어쨌든 BB 디톡스는 쿠스미 티 입장에서는 마케팅의 승리인 것 같다.

마른 찻잎에서 시큼한 자몽 향이, 진짜 자몽 과일에서 나는 듯한 향이 강하게 올라온다. 찻잎들은 그야말로 다양함의 향연이다. 짙은 녹색의 녹차, 아주 옅은 녹색의 마테, 붉은 바늘처럼 생긴 루이보스는 쉽게 구분이 간다. 그리고 틴에 적힌 성분 설명에는 포함되지 않았지만 회색 법씨처럼 생겨 표면에 주름이 있는 펜넬fennel도 눈에 띈다. 하지만 옅은 붉은 벽돌색 조각의 정체를 분명하게는 알 수 없다. 아마 같이 포함되었다는 민들레나 과라나와 관계가 있지 않을까 싶다.

엽저 상태에서는 녹차의 잎이 펼쳐져서 압도적으로 많아 보인다. 하지만 나머지 성분들도 거의 자신의 모습을 가지고 있다.

수색은 옅은 호박색이다. 의외로 부유물이 많고 잔에 가라앉는 작은 입자도 많다. 다양한 잎들이 포함되다보니 어쩔 수 없는 모양이다. 자몽 향은 많이 순화되었다. 상큼하고 기분 좋은 맛이다. 성분 중에 민트 맛을 내는 것이 있는지 입안을 아주 미묘하게 싸하게 해준다. 루이보스의 단 맛도 있다. 바디감은 있지만 입안에서 굉장히 매끄럽게 느껴진다.

　의학적 효능은 그냥 두더라도 맛과 향이 매력적인 것은 사실이다. 이렇 게 여러 가지가 배합된 경우, 느껴지는 맛과 향을 굳이 각각 구분한다는 것은 현실적으로 의미가 없다. 전체적으로 조화가 잘 되어 이국적이며 기 분 좋게 하는 맛과 향을 가지고 있다는 것이 중요하다. 아이스티로 마셔 도 좋다는 것도 장점이다.

BB 디톡스

INFORMATION

중량	125g
구입 방법	해외 구매를 대행해주는 업체를 통해 구입 가능하며 업체에 따라 가격이 조금씩 차이가 있음
우리는 방법	400ml / 2.5g / 4분 / 펄펄 끓인 물

t e a

제2장

블렌딩
홍차

시 중에서 판매되고 있는 홍차는 블렌딩 차, 단일 산지차, 단일 다원차, 가향차로 크게 분류될 수 있다. 예외가 없는 것은 아니겠지만 대부분의 홍차는 위 네 가지 중 하나에 포함된다. 위의 기준으로 볼 때 블렌딩 홍차는 인도, 스리랑카, 중국 등 여러 국가나 아삼, 다르질링, 키먼, 우바와 같이 여러 지역에서 생산된 차를 배합한 것이며 단일 산지차는 아삼이면 아삼, 다르질링이면 다르질링, 우바면 우바 이렇게 그 지역에서 생산된 차만으로 만든 것이다. 단일 다원차는 각 생산 지역에 있는 개개의 단일 다원의 생산물만으로 만들어진 것이며, 가향차는 다양한 베이스의 차에 꽃이나 과일, 허브 혹은 이들의 향을 첨가한 것이다.

그런데 블렌딩이라는 의미 그대로 2가지 이상을 섞거나 배합한다는 측면에서 보면 단일 산지 홍차도 결국엔 블렌딩 홍차다. 즉 포트넘앤메이슨의 다르질링 브로큰 오렌지 페코는 다르질링 지역의 여러 다원에서 생산된 차로 블렌딩된 것이다. 로네펠트의 로열 아삼 역시 아삼의 다양한 다원에서 생산된 차로 블렌딩된 것이다. 다원뿐만 아니라 생산 시기 또한 다양할 것이다. 단일 다원차도 이 관점에서 보면 마찬가지다. 해러즈의 다르질링 캐슬턴 무스카텔이 캐슬턴 다원에서만 생산된 차임은 분명하지만 생산 시기 및 가공법을 달리하여 생산한 차를 배합한 것일 수도 있다. 이렇게 본다면 마리아주 프레르의 '2015년 푸타봉 DJ61' '2015년 싱불리 DJ38'처럼 특정한 날에 채엽하여 생산한 배치batch를 독립적으로 구분하여 판매하는 경우만이 전혀 블렌딩되지 않은 다원차로 볼 수 있다. 물론 이것은 판매처의 정직성이 담보될 경우에만 해당되는 것이다.

홍차의 맛과 향이 다른 것은 각각의 특정 홍차를 만든 차나무 품종과 테루아의 차이라는 필요조건에다. 같은 아삼 홍차라도 수백 가지 버

블렌딩 홍차

먼저 클린룸에서 정해진 배합 비율에 맞춰 찻잎을 투하한다. 파이프를 통해서 아래층으로
이동되어 지름 1.5미터 정도의 커다란 원통에서 천천히 회전하면서 배합된다.

전으로 만들어낼 수 있는 블렌딩이라는 충분조건이 있기 때문에 가능하다.

블렌딩의 핵심은 뛰어난 맛과 향으로 다른 차들과 차별화되어야 한다는 것이다. 차별화 전략은 회사마다 다를 것이다. 예를 들면 전 세계의 주요 차 회사들 거의 대부분은 다르질링이라는 이름의 단일 산지차를 판매한다. 그러나 어떤 회사는 퍼스트 플러시 위주로 혹은 세컨드 플러시 위주로 다르질링을 블렌딩할 수 있고, 등급 또한 홀리프 혹은 브로큰 혹은 싹을 더 많이 넣은 높은 등급으로도 만들 수 있다.

이런 차이가 있기 때문에 우리는 다양한 회사에서 만든 다양한 다르질링을 비교하면서 즐길 수 있고, 자신의 취향에 맞는 차를 고를 수 있다.

결국 깊게 들어가면 판매되는 대부분의 홍차가 '블렌딩'이라는 것이

같은 구역에서 재배되고 있는 다른 품종의 차나무

다. 이는 최초의 블렌딩 홍차가 탄생하게 된 배경을 살펴보면 지극히 당연한 일이다. 18세기 초 영국에서 다수의 홍차 판매자(혹은 회사)가 등장하면서 경쟁관계가 형성되고 고객들에게 선택받기 위해서는 맛과 향이 뛰어난 차별화된 홍차를 만들어야만 했다. 일부 고객들은 직접 매장에 와서 자신만의 블렌딩 차를 만들어가기도 했다. 이런 과정에서 큰손 고객의 경우 그 고객만의 블렌딩 레시피가 만들어지기도 했다. 이것이 블렌딩 차의 시작이다. 물론 인기가 없어 과다하게 남은 재고를 소진하기 위해 블렌딩 차를 만들기 시작했다는 것도 일정 부분은 사실일 것이다.

오늘날도 이 연장선에서 세계 수백 개 홍차 회사의 수천 가지 블렌딩 제품이 새로이 출시되어 판매되고 그중 소비자에게 선택된 것은 살아남으며 외면받는 것은 사라진다. 이런 가운데 100년 이상 그 명성을 유지해오는 명품 블렌딩 홍차들이 있는 것이다.

이 장에서는 여러 국가나 지역에서 생산된 차를 배합한 것이라는 가장 큰 분류상의 블렌딩 홍차, 그중에서도 오랜 역사와 세계적 명성을 지닌 명품 블렌딩 홍차를 다룰 것이다.

단일 산지차나 단일 다원차는 각 국가별 홍차를 다룬 장에서 각각 언급할 것이다.

퀸 앤
포트넘앤메이슨

여러 국가나 지역의 홍차를 가지고 만든 블렌딩 홍차의 가장 큰 장점은 무난함이다.

여기서 무난함이란 누가 마셔도, 언제 마셔도 '홍차'라고 느낄 수 있다는 뜻이다. 아삼, 다르질링 같은 한 생산지의 홍차만으로 구성된 단일 산지 홍차는 다른 산지와는 차별화되는 그 지역의 테루아를 반영한 독특한 맛과 향을 가진다. 이 테루아의 특징을 최고로 강조한 것이 단일 다원차다.

이런 홍차들이 갖는 차별점이나 개성은 대단한 장점이 될 수도 있지만 오히려 단점이 될 수도 있는데, 특히 처음 홍차를 접하는 분들이 개성이 강한 '단일 지역'이나 '단일 다원' 차를 마셨을 때 홍차에 대한 잘못된 선입견을 갖게 될 수도 있다. 사람마다 취향과 기호가 다르기 때문이다. 따라서 처음 홍차를 접하는 분들은 '전형적인 홍차'의 맛과 향을 가진 블렌딩 홍차로 시작해보는 게 좋을 것이다.

앤 여왕

포트넘앤메이슨 건물
정면에 있는 상징적인 시계.
매 정시마다 문이 열리면서
창립자 윌리엄 포트넘과
휴 메이슨 인형이 밖으로 나온다.

이때 가장 대표적인 것 중 하나가 포트넘앤메이슨의 퀸 앤Queen Anne이
다. 1907년, 회사 창립 200주년을 기념하여 출시한 제품으로, 1707년 창
립 당시의 왕이었던 앤 여왕을 기념하면서 제품명을 정했다고 한다. 아삼
과 실론을 블렌딩했으며 각각 TGFOP, FBOP의 비교적 높은 등급의 찻
잎들로 이루어져 있다.

수색은 아주 짙은 적색이다. 하지만 큰 잔에 가득 담긴 차를 가만히 보
고 있으면 적색의 느낌도 아주 다양하다. 빛이 반사되는 각도라든지 잔의
형태에 영향을 받는 것이다. 날카롭지 않고 부드러운 느낌의 수색이 참
예쁘다. 향은 묵직하다. 하지만 남자의 중후함보다는 우아한 여성의 기품
이 느껴지는 향이다. 온도가 약간 내려가면 코를 자극하지 않는 고급 향
수를 살짝 뿌린 듯 특정할 수는 없지만 뭔가 어렴풋한 과일 향 혹은 꽃
향이 나는 듯도 하다. 바디감은 강하게 느껴지면서도 맛은 그렇게 강하지
않은, 두툼하지만 부드러운 천이 혀를 감싸는 듯한 느낌을 준다. 입에 꽉
찬 감촉을 주면서도 부담은 주지 않는, 아주 부드러운 솜이불을 몸에 감
싸는 듯한 포근함이다. 잔이 반쯤 비워지고 온도가 약간 내려가면 적색을

블렌딩 홍차

띤 수색이 정말 아름답다.

　틴에 있는 표현대로 '강하면서도 부드러운 차a strong, smooth tea'라는 표현이 딱 맞는 멋진 홍차다.

중량	250g
가격	9.95파운드
구입 방법	www.fortnumandmason.com (직구 가능)
우리는 방법	400ml / 2.5g / 3분 / 펄펄 끓인 물

로열 블렌드
포 트 넘 앤 메 이 슨

로열 블렌드Royal Blend는 영국 왕 에드워드 7세를 위해 1902년에 만들어진 블렌딩으로 110년이 넘는 긴 시간 동안 앞서 소개한 퀸 앤과 함께 포트넘앤메이슨의 스테디셀러 역할을 하고 있다.(에드워드 7세는 빅토리아 여왕의 장남으로 1901년부터 1910년까지 왕위에 있었다.)

다른 어떤 영국 홍차 회사보다도 왕실과 돈독한 관계를 유지해왔고 유지하고 있는 포트넘앤메이슨은 홍차 이름에도 왕실과 관련된 것이 많다. 그중에서 가장 대표적인 것이 바로 이 로열 블렌드다.

필자가 처음 홍차를 마시기 시작할 무렵, 상당히 오랫동안 로열 블렌드가 다른 홍차를 판단하는 기준이었다. 물론 지금은 아주 다양한 홍차의 맛과 향에 대한 선호를 갖고 있지만 그럼에도 여전히 "홍차" 하면 바로 떠오르는 것은 로열 블렌드다. 그만큼 홍차의 표준적인 맛과 향을 가지고 있다고 생각된다.

에드워드 7세

퀸 앤과 마찬가지로 아삼과 실론으로 블렌딩되어 있지만 등급은 다소 낮다.(등급이 낮다는 것은 찻잎의 크기가 작거나 싹이 적게 혹은 전혀 들어가지 않았다는 뜻이지 품질하고는 전혀 관련 없는 표현이다.) 건조한 찻잎은 골든 팁이 드문드문 보이는 아주 짙은 회색의 다소 큰 브로큰 등급 수준이다. 수색은 짙은 적색으로 전형적인 홍차색이다. 코로 맡는 향보다는 마시고 난 뒤 입안에서 코로 올라오는 부드러운 몰트 향이 압권이다. 입안에서 느껴지는 바디감과 강도가 상당히 안정적이며 마시고 난 뒤의 기분 좋은 수렴성도 홍차 본연의 특징을 유감없이 드러낸다.

정통 홍차가 무엇인지 혹은 어떤 것이 홍차인지를 알고 싶을 때 망설임 없이 권할 수 있는 정말 좋은 홍차다.

INFORMATION

중량	250g
가격	9.95파운드
구입 방법	www.fortnumandmason.com (직구 가능)
우리는 방법	400ml / 2.5g / 3분 / 펄펄 끓인 물

브렉퍼스트 블렌드

포트넘앤메이슨

지금은 사라진 런던의 어떤 홍차 회사는 여섯 가지 차만 팔았다고 한다. 즉 모닝Morning, 런치타임Lunchtime, 애프터눈Afternoon, 애프터디너After Dinner, 이브닝Evening, 드로잉룸Drawing Room이다.

이렇게 하루 중 어느 특별한 시간을 위한 홍차가 다양하게 있었던 적도 있지만 요즈음은 일반적으로 브렉퍼스트 그리고 애프터눈 티가 남아 있는 것 같다.

대체로 어느 홍차 회사나 잉글리시 브렉퍼스트는 강도Strength 있게 블렌딩한다. 따라서 주로 아삼을 베이스로 하며 변화를 주기 위해 다양한 지역의 홍차를 포함시킨다. 강하게 블렌딩된 한 잔의 홍차로 아침 잠기운을 떨치라는 의미도 있고, 보통 아침 식사 때 마시므로 다양한 맛의 아침 식사 메뉴에 압도되지 않도록 강하게 블렌딩하는 것이다.

다소 특이하게 독일의 로네펠트는 잉글리시 브렉퍼스트를 우바로만 블렌딩하고, 딜마의 잉글리시 브렉퍼스트는 딤불라로만 블렌딩한다. 미국

잉글리시 브렉퍼스트

의 하니앤손스는 좀더 특이하게 키먼으로만 되어 있다. 우바 홍차는 상당히 강도가 있기에 이해가 가지만 키먼은 다소 의외다. 딜마의 찻잎은 아주 작은 브로큰 등급이다. 차나무 품종이나 생산지에 따라서 차의 강도가 다르기도 하지만 이렇듯 찻잎의 크기로 강도를 조절할 수도 있다.

포트넘앤메이슨의 브렉퍼스트는 정석대로 아삼으로만 블렌딩되었다. 틴에는 브로큰 등급으로 표시되어 있지만 딜마의 찻잎과 비교하면 아주 큰 편이다. 사실 등급이라는 것이 회사마다 많이 다르다보니 어떤 회사의 브로큰 등급은 거의 홀리프에 가깝고 또 어떤 회사의 브로큰 등급은 거의 패닝 수준이기도 하다.

작은 찻잎들은 균일성과 정돈된 느낌을 준다. 검은색을 띤 갈색에 간간히 골든 팁도 섞여 있다. 보고 있으니 기분이 좋아진다. 수색은 전형적인 홍차의 적색이다. 아주 맑은 적색이 아니라 뭔가 부드러운 듯한 적색이다. 몰트 향이 가득 올라온다. 바디감도 상당하고 맛에서도 만만치 않은 강도가 느껴진다. 잉글리시 브렉퍼스트 본연의 잠을 깨우는 역할은 잘할 것 같다. 하지만 엽저에서 올라오는 향은 생각과는 달리 부드럽고 달콤하다.

INFORMATION

중량	250g
가격	9.95파운드
구입 방법	www.fortnumandmason.com(직구 가능)
우리는 방법	400ml / 2.5g / 3분 / 펄펄 끓인 물

잉글리시 브렉퍼스트 14번
해러즈

해러즈 홍차는 세계적으로 최고급 백화점 중 하나로 알려진 런던 해러즈 백화점에서 판매한다. 일반적으로 이런 경우 백화점으로 유명한 해러즈가 그 명성과 후광을 활용해 홍차도 자체 브랜드Private Brand로 만들어 판매하는 것으로 생각할 수 있다. 마치 이마트가 이마트 우유를 판매하는 것처럼.

하지만 해러즈 백화점을 만든 찰스 헨리 해러즈는 원래 차 상인이었다. 차 상인으로 성공하여 자신이 1849년에 설립한 조그만 식료품점을 해러즈 백화점으로 키운 것이다. 따라서 수천 가지의 상품을 판매하는 해러즈 백화점이지만 차가 차지하는 의미는 남다르다.

14번 잉글리시 브렉퍼스트는 16번 애프터눈 실론과 함께 해러즈의 스테디셀러이자 베스트셀러 블렌딩 제품이다. 출시한 지 50년 이상 된 제품으로 다르질링, 아삼, 스리랑카, 케냐 홍차를 블렌딩한 것이다.

잎의 외형은 전형적인 블렌딩 홍차의 것이다. 이 말이 한편으로는 우

스울 수도 있지만 실제로 홀리프 크기에서 시작해 브로큰 등급까지 아주 다양한 크기의 잎들이 섞여 있다. 색상은 전체적으로는 검은색에 가까운 갈색이지만 이 또한 찻잎의 크기만큼이나 다양한 색상들의 조합이다. 서로 다른 네 지역의 홍차로 블렌딩된 것이니 당연하기도 하지만, 한편으로는 우리기 위해 덜어낸 2그램 남짓 되는 마른 찻잎에 이렇게 다양한 찻잎 종류가 섞여 있고 이들이 하나의 독특한 맛과 향을 만들어낸다고 생각하니 약간 신비롭기도 하다.

수색은 깔끔한 적색이지만 다소 깊이가 있다. 수색에도 바디감이 있다는 표현을 사용할 수 있다면 이런 경우에 해당하지 않을까 싶다. 엽저에서는 향기로운 단 향이 올라오지만 우린 차에서 나는 향은 향기롭기보다는 다소 무겁고 점잖은 느낌이다. 맛은 싱그럽기도 하고 약간 향기롭기도 하며 결코 무겁지는 않다. 하지만 마치 무술 고단자가 가볍게 몸을 풀고 있는데도 그 무공이 느껴지는 것처럼 14번도 잉글리시 브렉퍼스트의 전형적인 힘이 있다. 찻물의 온도가 약간 내려가면서 하나의 맛이 아닌 여러 가지 맛이 아주 조화가 잘된 그런 느낌을 준다.

외유내강이라는 표현이 적합할까?

블렌딩 홍차

INFORMATION

중량	125g
가격	9.5파운드(14번, 16번, 42번을 묶어서 25파운드에 판매)
구입 방법	www.harrods.com(직구 가능)
우리는 방법	400ml / 2.5g / 3분 / 펄펄 끓인 물

PRODUCT 24

웨딩 브렉퍼스트
포트넘앤메이슨

웨딩 브렉퍼스트Wedding Breakfast는 2011년 월리엄 왕자와 케이트 미들턴의 결혼을 축하하기 위해 만든 것으로, 왕실 행사를 기념하는 의미를 담고 있다. 심지어 두 사람의 아들이자 찰스 왕세자와 아버지 월리엄 왕자에 이어 왕위 계승 서열 3위로 로열 베이비라 불리는 조지 왕자의 세례를 기념하여 크리스닝 블렌드 티Christening Blend Tea라는 차도 만들었다.

포트넘앤메이슨에는 유독 왕실과 관련된 홍차 이름이 많다. 반면에 해러즈는 정반대다. 가만히 보면 해러즈 홍차 목록에서는 로열Royal이 들어간 홍차 제품명을 본 적이 없는 것 같다. 뿐만 아니라 최근 몇 년간 포트넘앤메이슨을 포함한 영국의 홍차 회사들이 다양

크리스닝 블렌드 티

비운의 다이애나 왕세자비와
도니 파예드

한 왕실 관련 차를 만들었음에도 해러즈는 거의 만들지 않은 듯하다.

혹 그 이유가 해러즈 소유주와 왕실의 악연 때문이 아닌가 하는 생각
도 든다. 1985년 이집트인인 모하메드 알 파예드Mohamed Al Fayed가 해러
즈 백화점을 인수했다. 그런데 찰스 왕세자와 이혼한 다이애나 왕세자비
가 1997년 교통사고로 죽었을 때 함께 사망한 도니 파예드가 바로 모하
메드 알 파예드의 아들이다. 그 당시 사고에 대한 많은 음모론이 제기되
었다. 그런 연유로 해러즈 소유주와 왕실 사이가 좋지 않다고 한다. 우연
인지 정말 그러한지는 알 수 없지만 그럴듯하게는 보인다.(2010년 모하메드
알 파예드는 해러즈 백화점을 매각했다. 인수한 쪽도 중동계이므로 기조가 그대
로 유지되고 있다.)

웨딩 브렉퍼스트는 TGFOP1이라는 높은 등급의 아삼과 케냐 동부 지
역의 오렌지 페코로 블렌딩한 것이다. 아삼과 케냐 홍차의 블렌딩으로
만 본다면 포트넘앤메이슨의 아이리시 브렉퍼스트와 같지만 아이리시는

인도나 스리랑카와는 전혀 다른 느낌을 주는 케냐의 차밭

CTC 홍차이며 웨딩은 높은 등급 홍차라는 것이 큰 차이다. 이처럼 같은 지역의 홍차로 블렌딩된 것이라 하더라도 등급 또한 매우 중요하다. 기억할 것은 등급이 높다고 반드시 품질이 더 좋은 것은 아니라는 점이다. 등급에 따라서 맛과 향의 성격이 다를 뿐이다.

한마디 더, 케냐 홍차가 포함된 이유는 윌리엄 왕자가 케이트 미들턴에게 청혼한 곳이 케냐이기 때문이라고 되어 있다. 그렇다면 케냐 동부의 홍차가 포함된 것은 동부 지역에서 청혼했다는 말인 걸까?

블렌딩된 두 지역의 홍차 등급이 말해주듯이 찻잎은 한눈에 봐도 홀리프며 골든 팁 또한 많이 보인다. 수색은 전형적인 아삼의 수색이지만 짙지는 않다. 뜻밖에도 몰트 향이 그렇게 선명하지는 않다. 엽저도 마른 찻잎에서처럼 홀리프 수준이며 색상은 전체적으로는 갈색이지만 밝은 갈색과 짙은 갈색으로 나뉜다. 맛의 특징이라면 아삼과 케냐의 블렌딩이면서도 이렇게 부드러울 수가 있구나 하는 생각이 드는 것이다. 하지만 바디감은 상당하다. 약간 구수한 맛이 느껴지기도 한다.

오후에 마시는 브렉퍼스트 티! 이 홍차를 마시고 난 느낌이다.

블렌딩 홍차

INFORMATION

중량	250g
가격	9.95파운드
구입 방법	www.fortnumandmason.com(직구 가능)
우리는 방법	400ml / 2.5g / 3분 / 펄펄 끓인 물

아이리시 브렉퍼스트

포트넘앤메이슨

아이리시
브렉퍼스트

아이리시 브렉퍼스트는 대체로 잉글리시 브렉퍼스트보다는 강도가 있는 홍차다. 실제로 아일랜드와 영국에서는 강한 홍차로 알려져 있는 아프리카에서 생산되는 홍차를 아삼과 블렌딩하는 경우가 많다.

참고로 아프리카의 홍차 생산량은 의외로 적지 않다. 아프리카 전체 생산량의 절반 이상을 케냐가 차지하지만 부룬디, 에티오피아, 마다가스카르, 말라위, 모리셔스, 모잠비크, 르완다, 남아프리카공화국, 우간다, 탄자니아, 짐바브웨 같은 나라에서도 소량씩 생산된다.

포트넘앤메이슨의 아이리시 브렉퍼스트는 아삼에 케냐 홍차를 블렌딩한 것이다. 또 하나의 특징은 CTC 가공법으로 생산된 홍차라는 것이다. CTC는 Cut(혹은 Crush)-Tear-Curl의 약자로 찻잎을 자르고-찢고-둥글게 뭉치는 생산 과정을 말한다. 이 과정을 통해 생산된 홍차는 일반적으로

CTC 가공 과정의 핵심으로, 빠른 속도로 회전하는 두 개의 롤러 사이를 지나면서 찻잎은 미세하게 분쇄된다.
분쇄된 찻잎은 이동하면서 짧은 시간에 산화가 완료된다.

강도가 있고 빨리 우러나는 특징이 있다. 주로 티백 제품에 사용되며 아주 작은 그래뉼(과립) 입자 모양으로 생겼다. 정통 가공법Orthodox Method으로 생산된 제품보다는 맛과 향에서 섬세함이 떨어지는 경우가 많아 고급차로 여겨지지는 않는다.

포트넘앤메이슨에서 틴에 넣어 판매하는 차에 CTC를 사용하는 것은 매우 특이한 경우다.

아주 작은 과립 형태이며 전체적으로는 짙은 갈색이다. 하지만 돋보기로 자세히 살펴보면 크기도 색상도 다른 두 개의 입자가 블렌딩되어 있는 것을 볼 수 있다.

수색은 아주 짙은 적색이다. 향에서는 CTC 홍차 특유의 향이 약간 올라오지만 그렇게 심하지는 않다. 뭉쳐진 하나의 향이 올라온다. 특이한 것은 뜨거운 물에 3분을 우렸음에도 약간은 느슨해졌지만 엽저가 거의 그대로 과립형을 유지하고 있다는 점이다. 상당히 단단하게 뭉쳤다는 것을 알 수 있다. 하지만 맛은 의외로 좋다. 코로는 맡지 못한 향을 마시면서 혀로 느낄 수 있다. 바디감도 아주 강하고 맛 또한 강한 홍차임은 분명하지만 그 강함이 주는 단순하면서도 독특한 매력도 있다.

CTC 홍차로는 이보다 더 좋은 것이 없지 않을까 하는 생각도 든다. 결국 가공 방법은 CTC일지라도 좋은 찻잎으로 잘 만들면 가공법의 단점을 어느 정도는 극복할 수 있다는 것을 보여주는 좋은 예다.

원래부터 CTC 홍차는 향보다는 맛을 위한 것이다. 주로 설탕과 우유를 넣어 먹는 영국 음용자들은 좋은 홍차가 주는 섬세한 향보다는 이 둘을 섞었을 때 더 맛있는 것을 찾았고, 이를 위해서는 CTC 홍차가 아주 적합했다. 그 연장선에 있는 것이기도 한데 필자는 로열 밀크티를 만들 때 베이스 차로 주로 이 포트넘앤메이슨의 아이리시 브렉퍼스트를 사용한다. 밀크티를 위한 베이스 홍차의 가장 중요한 덕목은 우유를 뚫고 올라오는 홍차의 힘이다. 그러면서 우유와 설탕과도 잘 조화되어야 좋은 밀크티인 것이다. 그런 측면에서는 포트넘앤메이슨의 아이리시 브렉퍼스트가 최고인 것 같다. 강력 추천한다.

중량	250g
가격	9.95파운드
구입 방법	www.fortnumandmason.com (직구 가능)
우리는 방법	400ml / 2.5g / 3분 / 펄펄 끓인 물

PRODUCT 23

애프터눈 블렌드
포트넘앤메이슨

브렉퍼스트가 보통 강하게 블렌딩된 홍차라면 애프터눈 티는 일반적으로 부드럽게 블렌딩되는 경우가 많다. 이는 브렉퍼스트가 잠을 깨우고 식사 때 마시는 다소 기능성이 있는 차라면, 애프터눈 티는 오후의 휴식과 여유로움을 즐길 때 그 즐거움을 배가시키는 역할을 하기 때문인 듯하다. 산지별 특징을 이야기할 때 강한 홍차의 대표가 아삼이라면 부드러운 홍차는 보통 스리랑카와 중국 차라고 할 수 있다. 그래서 보통 애프터눈 티는 스리랑카 홍차가 베이스가 되며 중국 차를 보조적으로 사용하는 경우가 많다.

포트넘앤메이슨의 애프터눈 블렌드는 스리랑카의 고지대와 저지대 홍차로만 블렌딩된 것이다.

찻잎의 크기는 블렌딩 홍차치고는 비교적 균일한 편이고, 색상은 전체적으로는 어두운 갈색이지만 자세히 보면 다양함이 있다. 우바 찻잎의 특징인 밝은 갈색의 가는 줄기 같은 것이 눈에 띈다.

　수색은 맑고 가벼운 적색이다. 향은 달콤한 듯, 부드러운 듯하면서 언뜻 아기 분유통을 열면 올라오는 향과 비슷한 것이 매우 희미하게 느껴진다. 입안에 걸리는 것 하나 없이 맛이 아주 매끄럽고 부드럽다. 엽저는 의외로 비교적 균일한 갈색을 보인다.

　완전히 식어버린 엽저에서는 약한 초콜릿 향도 올라온다. 초콜릿 느낌의 향은 스리랑카 저지대 홍차의 특징 중 하나이기도 하다. 찻물이 식어가면서는 약간 쌉쌀한 맛도 느껴지는 게 오히려 독특한 매력을 준다.

　틴에는 아이스티로도 아주 좋다고 되어 있다. 보통 아이스티는 부드러운 맛의 홍차로 만들며 특히 백탁 현상이 일어나지 않는 홍차가 선호된다. 백탁 현상이란 뜨거운 홍차를 얼음에 부었을 때 뿌옇게 흐려지는 것을 말하는 것으로, 보통 아삼 홍차에 아주 심하게 나타난다. 백탁 현상이 나타나지 않는 홍차 산지로는 닐기리가 대표적이며 그래서 아이스티를 만들 때는 닐기리 홍차를 많이 사용한다. 하지만 스리랑카 홍차로도 멋진 아이스티를 만들 수 있다. 특히 캔디와 누와라엘리야 지역의 홍차가 좋다.

INFORMATION

중량	250g
가격	9.95파운드
구입 방법	www.fortnumandmason.com(직구 가능)
우리는 방법	400ml / 2.5g / 3분 / 펄펄 끓인 물

블렌딩 홍차

블렌드 49번
해러즈

필자가 홍차에 깊이 빠져들던 2011년 무렵, 이상하게 (어쩌면 일본의 영향이었을 수도 있다) 우리나라에서 매우 인기 있었던 것이 이 해러즈의 49번 블렌드다. 영국 홍차를 판매하던 사이트에서도 자주 품절되는 제품이라면서 지금 입고되었으니 구입하라는 메시지가 뜨곤 했다. 그리고 그 당시에는 지금처럼 틴에 넣어 판매하지 않고 봉지에 넣어서 판매했다.

49번은 해러즈 창립 150주년을 기념하여 1999년에 출시한 제품으로 다르질링, 아삼, 닐기리, 시킴Sikkim, 캉그라Kangra 이렇게 인도의 다섯 지역 홍차를 블렌딩한 것이다.

인도의 홍차 산지가 남쪽 닐기리 지역을 제외하면 대부분 북동 지역에 위치하는데, 캉그라는 특이하게도 인도 북서 지방, 델리 북쪽의 히마찰 프라데시Himachal Pradesh 주에 위치한 차 산지다. 또 하나의 특징은 이곳에서 녹차 또한 상당량 생산되고 있다는 점이다. 하지만 캉그라 지역에서 생산되는 홍차는 별로 인상적이지 않았고 굳이 추천하고 싶지도 않다.

외형은 브로큰 등급도 보이지만 전체적으로는 홀리프에 가까운 크기이며 찻잎이 부피감이 있어 보이는 것이 유념을 강하게 하지 않은 듯하다. 전체적으로 밝은 갈색 톤으로 아주 다양한 색상과 다양한 크기의 찻잎이 조화되어 전형적인 블렌딩 홍차의 형태다.

수색은 아주 맑고 투명한 적색이다. 향에서도 아주 기분 좋은 꽃향기가 올라온다. 필자에게 49번의 매력은 다름 아닌 맛에 있다. 꽃 향의 느낌이 그것도 여러 가지 꽃 향이 맛에 녹아 있는 듯한 느낌을 주기 때문이다. 마치 좋은 가향차가 오래되어 향은 거의 다 날아가고 그 좋은 향기의 흔적만 남아 있는 것 같은 느낌이다. 찻잎에서는 딱히 발견할 수 없지만 맛에서는 다르질링 FF나 산화가 약하게 된 다르질링 SF의 느낌이 강하게 난다.

어쩌면 우리나라 홍차 애호가들이 49번을 좋아하는 것이 이런 맛 때문이 아닌가 하는 생각도 든다.

정말 마시면 기분이 좋아지는 그런 홍차다.

INFORMATION

중량	125g
가격	9.5파운드
구입 방법	www.harrods.com(직구 가능)
우리는 방법	400ml / 2.5g / 3분 / 펄펄 끓인 물

PRODUCT 25

엠파이어 블렌드 34번

해러즈

엠파이어 블렌드 34번은 이력이 조금 특이하다. 1933년에 처음 출시된 이후, 1994년에 재출시된 제품이다. 필자가 처음 해러즈 홈페이지에 들어갔던 2010년에는 없었고, 2013년경 다시 판매하기 시작했다. 이 시기 같이 판매한 것이 7번 녹차다.

참고로 해러즈 홍차의 특이한 점은 중국 홍차를 취급하지 않는다는 것이다. 어느 회사나 판매하는 키먼, 윈난, 랍상소우총은 말할 것도 없고, 블렌딩 제품에도 중국 홍차를 사용하지 않는다. 더 이상한 점은 (한편으로는 좀 우스운) 7번 녹차를 소개한 홈페이지 설명에는 "극동으로부터의 희귀한 차를 공급해온 오랜 전통을 이어간다는 취지"라고 하면서 정작 공급지는 인도와 스리랑카다.

결국 인도와 스리랑카에서 생산된 녹차라는 뜻이다. 오래전부터 그랬는지 최근의 경향인지는 모르겠으나 중국 홍차를 취급하지 않는 것은 분명한 듯하다. (2016년 9월에 런던 해러즈 백화점을 다녀오신 수강생 중 한 분이 매장에 있는 커다란 통에서 무게를 달아 판매하는 금준미를 사왔다. 이를 볼 때 전혀 판매하지 않는 것은 아니지만, 일반적으로 판매용 틴에 넣어 정기적으로 판매하지는 않는다.) 참고로 필자는 7번은 구입하지도 마셔보지도 않았다.

엠파이어 블렌드는 아삼을 주된 베이스로 하여 다르질링과 닐기리 등 인도 홍차만으로 블렌딩한 것이다.

건조한 찻잎은 전체적으로는 거의 검은색에 가까운 갈색이지만 자세히 보면 정도의 차이가 있다. 그리고 부분적으로 옅은 녹색도 보인다. 이건 우린 후의 엽저를 통해서도 알 수 있는데 다양한 정도의 산화를 나타낸다. 그리고 찻잎의 크기 또한 홀리프 수준에서 브로큰까지 다양해 여러 찻잎으로 블렌딩되어 있다는 것을 알 수 있다.

수색은 아주 예쁘고 깔끔한 적색이다. 참 명징하다는 느낌이다. 맛과 향에는 푸른 느낌이 들어 있다. 여러 종류의 꽃에서 나는 듯한 맛과 향이 굉장히 신선한 느낌을 준다. 차가 생산된 지 얼마 되지 않아서 신선한 그런 것이 아니라 차 자체의 성질이 신선하다는 뜻이다.

하지만 상당한 정도의 강도와 바디감 그리고 적당한 수렴성도 있어 홈페이지 소개글에 있는 것처럼 또 하나의 브렉퍼스트 홍차라는 말이 적절한 표현인 것 같다.

블렌딩 홍차

INFORMATION

중량	125g
가격	9.5파운드
구입 방법	www.harrods.com (직구 가능)
우리는 방법	400ml / 2.5g / 3분 / 펄펄 끓인 물

영국과 미국의 최근 차 동향

다른 나라들도 그렇지만, 특히 미국과 영국에서 차에 대한 관심이 지속적으로 증가하는 것을 볼 수 있다. 차와 관련된 새로운 경험과 지식에 대한 사람들의 늘어나는 호기심이 이를 증명하고 있다. 날로 증가하는 차의 인기는 고급 잎차와 다양한 다구, 차 회사, 티숍, 차 교육, 차 관련 책, 잡지, 웹사이트와 관련 행사에서의 경이로운 성장을 촉진시켰다.

바쁘게 돌아가는 삶이 부담스러운 사람들에게는 차가 느리게 살기 위한 하나의 의식Ritual이 되고 있다. 차 애호가들은 단호함으로 무장하고 사회의 사교활동, 문화생활, 공동체 속에 차를 확산시키고자 하는 열정을 키워가고 있다.

_영국의 차 전문가 제인 페티그루와 미국의 차 전문가 브루스 리처드슨이
2014년에 공동 집필한 *A Social history of Tea*의 마지막 문장

조지언 블렌드 18번

해러즈

해러즈 18번 조지언 블렌드는 몇 년 전 처음 구입했을 때는 조지언 레스토랑 블렌드Georgian Restaurant Blend라는 이름이었는데, 현재의 틴 디자인으로 변경되면서 제품명도 바뀌었다.

조지언 레스토랑은 해러즈 백화점 4층에 있는 티 라운지 겸 식당으로 식사도 할 수 있고 애프터눈 티도 마실 수 있다. 1913년에 문을 연 곳으로 역사와 전통을 자랑하는 장소다. 런던에 갔을 때 시간이 맞지 않아 들르지는 못했는데 아쉬움이 매우 컸다. 지난번에 갔던 리츠 호텔의 애프터눈 티도 3개월 전에 예약을 하고 드레스 코드가 정해져 있어 양복을 준비해 갔었다. 조지언 레스토랑도 드레스 코드가 있다. 혹 방문하실 예정인 분은 미리 예약하고 드레스 코드를 확인해야 할 것이다.

조지언 블렌드라는 제품명은 이곳에서 유래한 것 같다.

"맛을 위해서는 다르질링을, 바디감을 위해서는 아삼을, 향을 위해서는

조지언 레스토랑

스리랑카 홍차를 블렌딩했다"는 틴에 적혀 있는 설명에서도 알 수 있는 것처럼, 전형적인 블렌딩 홍차 찻잎 외형으로 균일하지 않은 크기와 색상이 섞여 있다.

수색은 표준적인 맑은 적색이다. 아주 깔끔하다. 향에서는 봄보다는 가을의 정취가 묻어난다. 그렇다고 아주 늦은 가을 분위기는 아니다. 9월에서 10월로 넘어가는 계절의 느낌이다. 맛에서는 산화를 그렇게 많이 시키지 않은 다르질링 세컨드 플러시가 느껴진다. 바디감이 강하지 않은 것으로 보아 아삼은 적은 양이 포함된 것 같다. 참 깔끔하고 산뜻한 느낌을 주는 차다. 입안에 잡미 하나 남기지 않는다. 포함된 스리랑카 홍차는 아마도 고지대에서 생산된 것일 가능성이 높아 보인다.

잔 부스러기는 거의 없지만 엽저 또한 형태와 색상이 다양해 블렌딩 홍차의 모습을 보여준다.

모나지 않고 멋지게 균형 잡힌, 오후에 마시기 딱 좋은 홍차다.

중량	125g
가격	9.5파운드
구입 방법	www.harrods.com(직구 가능)
우리는 방법	400ml / 2.5g / 3분 / 펄펄 끓인 물

PRODUCT 27

로열 런던 블렌드

티 팰리스

로열 런던 블렌드Royal London Blend는 중국 윈난 홍차와 스리랑카 홍차의 블렌딩이다. 윈난 홍차의 찻잎은 보통 회색 빛이 도는 검은색인데 로열 런던 블렌드의 찻잎은 회색빛이 도는 갈색이다. 같이 있는 스리랑카 홍차의 영향인 듯하다. 찬찬히 보면 홀리프 등급과 브로큰 등급의 찻잎이 섞여 있는 것을 알 수 있다.

수색은 어두운 적색이다. 윈난 홍차 특유의 향이 베이스에 깔리는 것은 맞지만 또 다른 약간은 가벼운 듯한 향이 함께 느껴진다. 엽저에도 크기가 다른 두 찻잎이 확실히 보이고 작은 찻잎은 붉은색이 도는 갈색, 큰 찻잎은 아주 옅은 녹색 톤이 도는 갈색으로 엽저의 색상 또한 확실히 구분이 된다.

이 차의 매력은 맛에 있다. 재기 발랄한 스리랑카 홍차를 윈난 홍차가 적절하게 컨트롤한다는 느낌을 준다. 후미는 깔끔하다. 상징적인 자주색 틴 대신 코발트의 아주 특이한 틴 색깔을 선택할 만큼 티 팰리스의 대표

차 산지로 유명한 윈난 성 푸얼의 예전 모습

블렌딩 제품이다.

　티 팰리스Tea Palace는 2005년 타라 칼크래프트Tara Calcraft가 런던의 노팅 힐에서 작은 티룸으로 시작해서 다른 브랜드에서 구하기 힘든 다양한 종류의 차를 판매하는 장점을 살려 비교적 빠른 시간에 성장한 브랜드다. 특유의 예쁜 자주색 틴으로도 유명하다.

　코벤트 가든은 우리나라의 인사동과 삼청동, 홍대 앞을 뒤섞어놓은 듯한 곳으로 관광객들이 많이 오는 장소다.

　2013년 8월 런던, 파리 홍차 여행은 필자와 세 명의 숙녀분이 함께했는데, 일정이 다 달라 한국에서 따로따로 출발했다. 런던의 첫 만남 장소가 코벤트 가든이었다.(최근 소식에 따르면 티 팰리스의 코벤트 가든 매장은

티 팰리스 매장

코벤트 가든

문을 닫아 더 이상 오프라인 매장은 없다고 한다.)

홍차와 관련된 일정을 마치면 잠은 각자가 정한 숙소에서 자고, 한국에 돌아올 때도 각자의 일정에 맞춰서 움직였다. 필자 같은 1980년대 학번에게는 전혀 익숙하지 않은 최첨단 여행 방법이었다.

뭔가 하나에 미쳐 있다는 것은 즐거운 일이었고, 같은 것에 미친 사람들과 함께한 시간들도 즐거웠다. 기껏 3년도 채 되지 않았는데 굉장히 오래전처럼 느껴진다.

블렌딩 홍차

INFORMATION

중량	100g
가격	13.95파운드
구입 방법	www.teapalace.co.uk
우리는 방법	400ml / 2.5g / 4분 / 펄펄 끓인 물

주빌리 블렌드
포트넘앤메이슨

주빌리 블렌드

2012년에는 엘리자베스 여왕 즉위 60주년을 맞이하여 영국 자체에서도 많은 행사가 있었지만, 유명 홍차 회사들도 각자 60주년 기념 홍차를 발매했다. 다이아몬드 주빌리는 즉위 60주년을 뜻하는 것이며 64년을 왕위에 있었던 빅토리아 여왕 이후 두 번째 있는 큰 행사였다. 참고로 25주년의 실버 주빌리, 50주년의 골드 주빌리, 70주년의 플래티늄 주빌리도 있다. 주빌리Jubilee는 어떤 기념이 되는 해를 뜻하는 용어다.

영국 홍차의 역사와 왕실과의 관계를 볼 때 이런 멋진 기회를 그냥 보낼 리 없다. 훌륭한 마케팅 기회이기에 포트넘앤메이슨뿐만 아니라 그 밖의 많은 홍차 회사에서도 다양한 블렌딩의 주빌리 홍차를 발매했다.

2016년에는 마침내 엘리자베스 2세가 빅토리아 여왕의 재위 기간을 넘어서자 "가장 오랜 기간 통치한 영국 왕이 된 엘리자베스 여왕 폐하의 업적을 축하하면서"라는 명분으로 포트넘앤메이슨은 퀸스 블렌드 티Queen's

Blend Tea를 발매했다.

퀸스 블렌드 티

이 퀸스 블렌드 티는 케냐 홍차를 베이스로 삼았는데, 1952년 엘리자베스 여왕이 건강이 좋지 않던 아버지 조지 6세를 대신해서 해외 순방을 하던 당시, 케냐를 방문했을 때 조지 6세의 서거 소식을 듣고 그곳에서 일단 왕위에 즉위한 것을 기념하기 위함이라고 한다. 대단한 순발력이다.

참고로 엘리자베스 2세가 즉위한 것은 1952년이고 대관식을 정식으로 거행한 것은 1953년 6월이다. 미국 영화를 보면 대통령 유고 시 즉시 부통령이 선서를 하고 대통령에 취임하지만 취임식은 나중에 정식으로 하는 그런 상황인 것 같다.

퀸스 다이아몬드 주빌리라고도 불리는 이 차는 스리랑카, 중국, 인도 홍차를 블렌딩한 것이다.

찻잎은 전체적으로는 짙은 회색이지만 그 회색에 여러 단계의 짙고 옅음이 섞여 있다. 몇 가지의 찻잎이 블렌딩된 것은 찻잎의 크기가 균일하지 않은 것에서도 알 수 있다.

수색은 맑은 적색이다. 차분하고 안정된 향이 나는데 포함된 중국 홍차가 윈난인 것 같다. 윈난 홍차 특유의 약한 흙내 같은 것에 묘한 단 향이 섞여 있는 듯하다. 맛은 아주 부드럽고 역시 윈난 홍차의 분위기가 느껴진다. 그러고 보니 찻잎이 전반적으로 회색 톤이었는데, 짙은 회색이 바로 윈난 홍차 찻잎의 특징이다. 아마도 주빌리는 윈난 홍차를 베이스로 스리랑카, 인도 홍차를 블렌딩한 것 같다. 전혀 떫지 않고 차분하고 안정된 맛과 향을 가진, 오후에 마시기에 딱 좋은 차다.

주빌리 블렌드

INFORMATION

중량	250g
가격	9.95파운드
구입 방법	www.fortnumandmason.com(직구 가능)
우리는 방법	400ml / 2.5g / 3분 / 펄펄 끓인 물

러시안 카라반

포트넘앤메이슨

우리가 막연히 알고 있는 것보다는 러시아 사람들이 차를 많이 마신다. 차 수입량으로 놓고 보면 지금도 세계 최고 수준이다. 게다가 사모바르Samovars라고 하는 매우 창의적인 다구를 발명한 사람도 러시아인이다. 스리랑카 저지대 홍차를 주로 수입하는 곳이 중동과 러시아이기도 하다. 그리고 수십 년 전만 해도 많은 양의 홍차를 자체적으로 생산하기도 했다.

러시아가 본격적으로 차를 마시기 시작한 것은 1689년 러시아와 청나라 간에 맺어진 네르친스크 조약 이후다. 이 조약으로 두 나라 사이에 국경선이 확정되고 이후 본격적으로 무역이 시작되었으며 차도 그 중요한 물품 중 하나였다. 19세기 중엽에는 늘어난 차 수요량에 맞추기 위해 그리고 자신의 영토에서 차를 직접 생산하고 싶었던 차르의 열망으로, 자체적으로 홍차를 생산하기 시작했으며 그곳이 바로 흑해의 동쪽 연안에 위치하면서 터키와 국경선을 접하고 있는 그루지야Gruziya(지금은 조지아로 부른다)다. 상당한 양의 홍차를 생산해왔으며 20세기 초반 터키가 차나무를 재배하기 시작할 때 도움을 주기도 했다. 그러나 1990년대 초반 소련연방의 해체라는 정치적·경제적 혼란과 다양한 민족으로 구성된 그루지야의 인구 특성으로 인해 발생한 내전이 오랫동안 지속됨에 따라 차 산업은 거의 폐허 수준이 되었다.

러시안 카라반Russian Caravan은 아주 멋진 이름의 차다.

네르친스크 조약 이후 중국과 러시아 간 아시아 대륙을 가로지르는 무역에서 그 먼 길을 하얀 옷을 입은 수많은 대상大商 무리가 수백 마리의 낙타 등에 차를 가득 싣고 사막의 배처럼 이동하는 낭만적인 장면을 떠올리게 한다. 8000킬로미터에서 1만 킬로미터 정도의 거리를 6~8개월씩 걸려 운송하는 과정은 실제로는 고통스러웠겠지만 호사가들은 아름답게만 상상했고, 게다가 당시에 러시아로 수출되었을 가능성이 매우 높은 랍상소우총의 훈연 향이 이 대상들이 밤에 야영할 때 피운 모닥불에서 스며든 향이라고 여기면서 더욱 신비감을 더했다.

이런 낭만적인 역사적 배경에서 탄생한 것이 러시안 카라반이고 오늘날 홍차 회사들은 조금씩의 차이는 있지만 주로 랍상소우총, 키먼 홍차, 우롱차를 베이스로 하여 블렌딩한다. 포트넘앤메이슨의 러시안 카라반은 키먼 홍차와 우롱차를 블렌딩한 것이다.

외형은 짙은 갈색이다. 하지만 찻잎의 색상도 크기도 균일하지 않은 두 종류의 찻잎이 섞여 있다는 것은 금방 알 수 있

그림 속 사모바르의 모습이 보인다.

카라반 상단商團을 그린 그림

다. 엽저에서도 두 종류의 색상이 뚜렷이 구분된다. 수색은 아주 맑은 적색이다. 정말 우아해 보이며 적당한 깊이를 가진 기분 좋은 적색이다. 키면 향이 그렇게 선명하지는 않다. 하지만 향이 매우 장중한 느낌을 줘 마치 베토벤 교향곡을 듣고 있는 느낌이다. 바이올린 독주 같은 선명한 음색이 아니라 전체가 조화된 듯한 느낌이다. 맛 또한 향과 비슷한 분위기를 준다. 매력은 차가 약간 식어가면서 마시기에 편안한 정도가 되면 가볍고 맑은 느낌이 살아나는 것이다. 그동안 숨어 있던 우롱차의 특징이 발현되는 것 같다. 완전히 식어버린 엽저에서도 뜨거울 때와는 달리 산뜻한 향이 느껴진다.

러시안 카라반

INFORMATION

중량	125g
가격	9.95파운드
구입 방법	www.fortnumandmason.com(직구 가능)
우리는 방법	400ml / 2.5g / 5분 / 펄펄 끓인 물

프린스 오브 웨일스
트와이닝

우리나라에서 왕자님의 차로 알려진 트와이닝의 프린스 오브 웨일스Prince of Wales는 1921년에 처음 만들어진 오랜 역사를 가진 홍차다.

프린스 오브 웨일스는 영국 왕세자의 공식 명칭인데, 1921년 당시 영국 왕세자였던 에드워드 8세는 트와이닝이 자신만을 위해 블렌딩한 이 제품을 '프린스 오브 웨일스'라는 상표명으로 팔 수 있도록 허가했다.

에드워드 8세는 심슨 부인과의 사랑 때문에 왕위를 버린 것으로도 유명하다. 1년 남짓 재위에 있다가 갑자기 왕위를 버리게 되면서 그 동생이 예기치 않게 왕위를 잇게 되었으며 이 사람이 몇 년 전 「킹스 스피치」라는 영화에서 말을 더듬는 왕으로 나온 조지 6세다. 이 조지 6세가 바로 엘리자베스 2세의 아버지이기도 하다.

전 세계적으로 유명한 이 홍차가 정작 영국에서는 판매되지 않는데, 그 이유는 영국 트와이닝사가 판매를 중단했기 때문이다. 이유는 정확히 알

에드워드와 심슨 부부

수 없지만 '프린스 오브 웨일스'라는 제품명이 영국 왕세자의 공식 명칭인 것과 관계 있기 때문이라는 추측이 있다.

하지만 영국을 제외한 미국, 일본, 중국, 독일 등 여러 나라에서는 여전히 판매되고 있다. 재미있는 사실은 패키지 디자인이 중국과 한국만 동일하고 미국, 일본, 독일 등은 각각 다르다는 것이다. 전체적인 분위기는 비슷한데 디테일이 조금씩 다른 정도다. 직구하는 경우 디자인이 다른 프린스 오브 웨일스를 구입할 수도 있다.

최초의 프린스 오브 웨일스는 키먼을 베이스로 다른 중국 홍차를 블렌딩했는데, 현재는 딱히 정해진 것이 없이 국가별로 블렌딩이 다양하다고 한다. 비교적 자세한 설명이 나와 있는 미국 트와이닝 홈페이지에는 중국 안후이 성, 윈난 성, 장시 성, 후난 성의 차로 블렌딩했다고 되어 있다. 안후이 성은 키먼 홍차, 윈난 성은 윈난 홍차겠지만 장시 성과 후난 성에 대해서는 정보를 얻기 어렵다. 독일 홈페이지에는 키먼 홍차와 우롱차를 블렌딩했다고 되어 있다. 심지어는 아삼, 실론, 녹차를 블렌딩한 것도 있고, 중국 홍차에 다르질링과 랍상소우총을 블렌딩한 것도 있다.

비록 제품명은 프린스 오브 웨일스로 동일하지만 나라별로 블렌딩이 다를 수 있다는 것을 알고 있으면 좋겠다. 우리나라에서 판매되는 것은 단지 중국 차From China라고만 표시되어 있다.

검은색의 작고 곧으며 단단해 보이는 것과 조금 부피가 있고 회색빛을 띤 두 종류의 찻잎이 눈에 들어온다. 일반적으로 앞의 것은 키먼, 뒤의 것은 윈난의 특징이다. 마른 찻잎에서는 키먼 향이 약하게 난다.

수색은 약간 어두운 적색이다. 우린 차에서는 키먼 향이 그렇게 두드러

블렌딩 홍차

지지 않고 오히려 달콤한 흙냄새를 베이스로 다소 복합적인 향이 기분 좋게 올라온다. 바디감은 꽤 있지만 맛은 아주 깔끔하다. 일반적으로 윈난의 특징이 무거운 듯 달콤한 흙내음이 나는 것인데, 여기서는 달콤한 흙내음은 나지만 무겁게는 느껴지지 않는다. 조금 식어가니 키먼의 맛과 향도 느껴진다. 엽저를 보면 밝은 갈색, 어두운 갈색 그리고 약간 어두운 남색의 찻잎이 섞여 있다. 키먼과 윈난 외에 또 다른 차가 포함된 것 같기도 하다.

새삼 참 좋은 홍차라는 생각이 든다. 이것이 단지 키먼과 윈난만의 블렌딩 결과인지 또 다른 차가 들어갔는지는 알 수 없지만 편안하고 기분 좋게 하는 홍차임은 분명하다.

INFORMATION	
중량	100g
구입 방법	국내에서 구입 가능하며 판매처에 따라 가격이 조금씩 차이가 있음
우리는 방법	400ml / 2.5g / 5분 / 펄펄 끓인 물

tea

제3장

인도
홍차
: 다르질링

인도는 세계 최대의 홍차 생산국으로 약 150만 에이커의 재배 면적에서 연간 약 100만여 톤 정도를 생산한다. 1에이커는 1200평이며, 우리나라가 녹차를 가장 많이 재배했을 때가 약 1만 에이커 정도 되었다. 이 중에서 다르질링은 약 4.5만 에이커 정도의 재배 면적을 차지하며 연간 생산량은 7000톤에서 1만 톤 수준이다. 하지만 다르질링 홍차라는 이름으로 전 세계에 유통되는 물량은 항상 3~4만 톤 정도 되어 다르질링 지역에서 생산되지 않는 가짜 다르질링 홍차가 많다고 알려져 있다. 인도 전체 재배 면적과 생산량을 놓고 보면 다르질링 홍차의 생산량이 1퍼센트 정도에도 미치지 못해 재배 면적에 비해서도 매우 적다는 것을 알 수 있다. 이는 아삼, 닐기리 등 인도의 다른 지역과는 달리 히말라야 기슭에 위치한 다르질링의 테루아 영향 때문이다.

즉 약 500~2000미터에 걸쳐 있는 다원들은 비교적 서늘한 기후의 영향을 받고 차나무가 재배되는 지역 또한 평지가 아니라 주로 산의 경사진 면으로, 차나무를 심기에도 찻잎을 따기에도 결코 용이하지 않다. 이는 고도가 높아질수록 더 심해진다. 차나무 품종 또한 예외적으로 중국종이 많아 큰 잎의 아삼 종에 비해서는 생산량이 턱없이 적은 것도 또하나의 원인이기도 하다.

가공법에 있어서도 다르질링 지역의 티 팩토리는 같은 정통법이라도 브로큰 등급을 주로 생산하는 스리랑카 티 팩토리와 비교해서 아주 단순하다. 높은 등급의 홀리프 홍차를 주로 생산하기 때문이다.

즉 위조대-유념기-산화대-건조기-분류기 순서로, 정통 가공법의 교과서 그대로였다. 브로큰 등급을 많이 생산하는 스리랑카 티 팩토리에 있는 유념된 찻잎을 분쇄하기 위한 로터베인도 없고, 유념 후 뭉쳐진 찻잎을 흩뜨리기 위한 롤 브레이킹Roll-breaking 장치도 없으며, 있다 하더

인도 홍차:
다르질링

경사가 심한 다르질링의 차밭

다르질링 티 팩토리에 완성되어 있는 퍼스트 플러시

이물질 제거 과정

라도 작고 간단했다. 심지어 건조 후 이물질이나 작은 줄기를 제거하는 파이버 익스트레터Fiber Extractor도 없는 곳이 있었다. 대신 이런 팩토리에서는 채반에 찻잎을 놓고 마스크를 쓴 여성 노동자들이 줄기나 이물질을 손으로 집어내고 있었다. 반면 스리랑카에서는 볼 수 없었던, 2단으로 된 작은 분류기 같은 장치도 있었는데 아주 큰 찻잎을 분류할 때 사용하는 것이었다.

그리고 티 팩토리에 설치된 유념기는 숫자도 적을 뿐만 아니라 크기 또한 스리랑카에서는 보기 힘든 작은 것도 있었다. 채엽된 찻잎의 양이 적을 경우에는 작은 유념기를 돌리는 것이다. 물론 몇 개 다원을 보고 단정 지을 수는 없지만 차이점은 뚜렷했다.

다르질링의 전체 생산량도 적지만 다원 개개의 생산량도 적은 편이다. 비교적 큰 규모인 터보Thurbo 다원이 연간 271톤(2015), 마카이바리Makai-bari 다원은 91톤(2012), 심지어 정파나Jungpana 다원은 40톤이 채 되지 않는다. 따라서 소량 고품질로 승부해야 하는 것이다. 어떤 다원에서는 손으로 유념한 것도 시음용으로 제공하기도 했다. 홍차의 정통 가공법의 전통을 가장 충실히 지키고 있는 곳이 다르질링이라는 생각이 들었

큰 찻잎을 분류할 때 사용하는 분류기　　유념기와 산화대가 함께 있어 유념 뒤 바로 산화시킨다.

다. 실제로 공장들은 100~150년 전에 지어진 것이고 심지어 그 당시 설치한 유념기를 지금도 그대로 사용하고 있는 곳도 있었다.

이 허름하고 소박한 모습들이 필자에게는 오히려 좋기도 하고 정감 있게 느껴졌다.

근래 들어 전 세계적으로 고급 홍차에 대한 수요가 늘어나면서 다르질링 홍차에 대한 수요도 점점 더 증가하고 있다. 다르질링 홍차의 가장 큰 특징은 수확되는 계절에 따라 퍼스트 플러시, 세컨드 플러시 혹은 오텀널로 구분되면서 맛과 향의 차이가 뚜렷하다는 것이다. 이에 더하여 약 80여 개의 다르질링 다원 각각이 저마다 특색 있는 맛과 향을 가진 홍차를 생산하고 있다고 주장한다. 뿐만 아니라 심지어 같은 다원이더라도 채엽되는 날짜에 따라 맛과 향이 달라 날짜별로 구분된 로트 단위로 판매한다.

이리하여 수십 년 전만 하더라도 그냥 '다르질링 홍차'라고 구분 없이 판매되었던 것이 이제는 계절별로 구분되고, 다원별로 구분되고, 로트별로 세분화되어 맛과 향의 미세한 차이까지 즐길 정도로 발전했다.

이제 명품 다르질링 홍차의 세계로 들어가보겠다.

다르질링 브로큰 오렌지 페코BOP

포트넘앤메이슨

포트넘앤메이슨의 다르질링 브로큰 오렌지 페코BOP는 필자의 아카데미에서 시음했을 때 예외 없이 반응이 좋았던 싱글 오리진 홍차 중 하나다.

대부분의 홍차 회사는 다르질링이라는 제품명이 붙은 홍차를 판매한다. 하지만 아마도 이들이 판매하는 모든 다르질링이 조금씩은 다른 맛과 향을 가졌을 것이다. 다원차를 주력으로 내세우는 곳도 있고, 블렌딩된 다르질링을 판매하는 곳도 있다. 블렌딩이라 하더라도 FF가 베이스냐, SF가 베이스냐, 홀리프 등급이냐, 브로큰 등급이냐 등에 따라서 아주 다양한 다르질링 버전이 존재하는 것이다.

또한 다르질링의 연간 생산량이 7000톤에서 1만 톤 수준에 불과한데 실제로 시장에 나와 있는 것은 3~4만 톤 수준이라고 하니 네팔을 포함하여 테라이Terai, 두어스Dooars 등 다르질링 주변 지역에서 생산되는 많은 차도 다르질링 블렌딩 홍차에 포함될 가능성이 높다.

포트넘앤메이슨의 다르질링 브로큰 오렌지 페코는 외형만 봐서는 밝은 녹색의 찻잎이 많아 퍼스트 플러시가 상당히 많이 포함된 것으로 보인다. 나머지 찻잎도 주로 밝은 갈색이 많다.

틴의 뚜껑을 열면 산화를 약하게 한 홍차 특유의 기분 좋은 풀 향이 확 올라온다. 누와라엘리야 페드로 다원 티 팩토리의 새벽 차 생산 과정에서 이 향을 맡은 기억이 생생하다.

유리 티포트에 우릴 때 푸른 기가 많은 브로큰 등급의 작은 찻잎이 반짝반짝 빛나는 듯이 점핑하는 모습이 아주 예쁘다.

수색은 거의 퍼스트 플러시의 호박색이지만 단일 다원 FF의 수색만큼 깔끔하지는 않다. 아마 블렌딩의 영향일 것이다. 향도 거의 FF의 향이며 블라인딩 테스트로 향만 맡는다면 FF라고 답할 것 같다. 엽저 또한 갈색보다 오히려 녹색의 찻잎이 더 많아 포트넘앤메이슨의 다르질링 BOP는 FF 중심으로 블렌딩된 것으로 여겨진다.

그러나 맛에는 FF의 풋풋함도 있지만 SF의 성숙함도 있다. 그리고 조금씩 식어가면서 FF보다는 SF가 더 많이 느껴진다. 어떻게 보면 FF의 향에 SF의 맛을 절묘하게 블렌딩한 것이 포트넘앤메이슨 다르질링 BOP

의 특징인 것 같다. 이는 FF에 베이스를 두기는 하지만 너무 치중되지 않게 하려는 전략일 수도 있다. 이는 최근에 새롭게 출시된 '다르질링 FTGFOP'에서도 알 수 있다.

INFORMATION

중량	125g
가격	9.95파운드
구입 방법	www.fortnumandmason.com(직구 가능)
우리는 방법	400ml / 2.5g / 3분 / 펄펄 끓인 물

PRODUCT 32

다르질링 파이니스트 티피
골든 플라워리 오렌지 페코FTGFOP
포트넘앤메이슨

포트넘앤메이슨은 앞에서 설명한 다르질링 BOP만 판매하다가 2015년경 새로이 다르질링 FTGFOP 등급을 출시했다. 틴에는 다르질링의 고지대에서 100년 이상 된 차나무에서 채엽한 잎으로 만든 고품질 홍차라고 적혀 있다. "100년 이상 된"이라는 표현으로 유추해보면 이 차나무는 복제종Clonal이 아니라 원래의 중국종Classic일 가능성이 크다. 중국종과 아삼종이 함께 재배되기는 하지만 일반적으로 다르질링의 고지대에는 중국종이 더 많다. 그리고 여전히 중국종 차나무에서 채엽된 잎으로 만든 홍차가 더 고급이라는 믿음이 있다. 이는 다르질링 홍차를 언급할 때 아삼종으로 만들었다는 말은 결코 드러내놓고 하지 않는 것에서도 알 수 있다.

앞의 BOP와는 찻잎에서부터 다르다. FTGFOP라는 등급에서 알 수 있는 것처럼 찻잎이 훨씬 크다. 그리고 더 큰 차이는 산화 정도다. 녹색 찻

복제종을 위한 모수로 선정된 차나무의 줄기를 꺾는다. 짧은 줄기와 잎 하나의 단위로 여러 개로 자른다.
영양분이 들어 있는 흙 속에 이를 심고, 강한 햇빛으로부터 차단된 장소에서 자라게 한다.

잎이 많이 포함된 앞의 BOP와는 달리 전체적으로 보이는 갈색톤이 세컨드 플러시임을 나타낸다. 포트넘앤메이슨의 새로운 제품은 FF 위주로 블렌딩된 앞의 BOP와는 달리 SF 위주로 블렌딩된 것이다. 틴에 적혀 있는 무스카텔 맛을 가진 바디감이 있는 차라는 설명에서도 알 수 있다. 무스카텔이란 표현은 일반적으로 다르질링 SF에 사용한다. 기존의 것이 FF에 가까운 맛과 향을 가졌다면 다르질링 계열의 신제품을 추가로 냈을 때 SF 베이스의 다르질링을 출시하는 것은 당연한 결과다. 그리고 등급도 BOP 대비 FTGFOP로 차별화하여 섬세함을 더 강조했다. FF는 결코 섬세한 차라는 표현에 어울리지 않는다. 섬세함이라는 표현은 확실히 SF에 어울리는 것이다.

다르질링 파이니스트
티피 골든 플라워리
오렌지 페코

갈색 톤의 부피감 있는 찻잎은 전형적인 SF 스타일이다. 갈색이긴 하지만 전체적으로 색이 다양하고 황금색 그리고 연두색에 가까운 밝은 찻잎이 많은 것으로 보아 산화를 그렇게 강하게 한 것 같지는 않다.

수색은 아주 맑은 적색이다. 약간 밝은색을 띤 적색으로 아름답다. 무스카텔 향이 세컨드 플러시의 다원차에서만큼은 강하게 올라오지 않는다. 하지만 기분 좋은 맛이다. 세컨드 플러시의 특징인 복합미는 좀 덜하지만 대신 깔끔함이 있다. 입안을 가득 채우는 부드러움이 마음을 가볍게 한다. 엽저에서는 유달리 달콤한 꽃 향이 많이 올라온다. 완전히 식은 후의 엽저에서도 꽃 향이 지속된다. 엽저는 잔 부스러기 하나 없이 아주 단정하다. 그리고 마른 찻잎에서 이미 예상했듯이 녹색을 띤 잎도 많이 있어 확실히 산화가 약하게 된 찻잎도 여럿 포함된 것 같다.

기분을 좋게 하는 깔끔함은 이런 찻잎의 특징에서 오는 것이다. 포트넘앤메이슨의 FTGFOP는 가볍고 깔끔한 느낌을 주는 세컨드 플러시임을

알 수 있다. 즉 기존의 BOP는 FF를 베이스로 했지만 너무 FF 쪽에만 치우치지 않고, 새로운 FTGFOP는 SF를 베이스로 했지만 너무 SF 쪽에만 치우치지 않는 것이다. 각각 FF, SF의 맛과 향을 가지면서도 서로가 그렇게 멀리 떨어져 있는 것은 아닌 셈이다.

INFORMATION

중량	125g
가격	12.5파운드
구입 방법	www.fortnumandmason.com(직구 가능)
우리는 방법	400ml / 2.5g / 3분 / 펄펄 끓인 물

다르질링 반녹번 다원FTGFOP1 DJ1
포트넘앤메이슨

이론적으로는 산화를 100퍼센트 시킴으로써 푸릇함과는 다소 관련 없어 보이는 홍차 중에서도 녹차 못지않게 신선함을 주는 것이 바로 다르질링 퍼스트 플러시다.

하지만 일본과 독일을 포함한 여러 나라에서 다르질링 FF에 대하여 열광하기 시작한 것은 우리가 막연히 알고 있는 것만큼 오래된 일은 아니다. 다르질링이 명성을 얻은 것은 지금 기준에서 보면 세컨드 플러시로 인한 것이다. 영국이 홍차의 세계를 지배하고 있을 때는 영국인들의 취향에 맞게 다르질링 홍차 또한 설탕과 우유를 넣어야 할 정도로 강한 맛을 특징으로 했다. 홍차의 정의 그대로 100퍼센트에 가깝게 산화시켜 만든 것이었다.

인도가 독립하고 다르질링 지역에 대한 영국인들의 영향력이 약해지면서 다양한 차에 대한 수요가 생겨나게 되었고, 1970년대 말 혹은 1980년대 초부터 다르질링 지역 차나무의 특징을 살린 좀더 가볍고 향이 좋은 홍차를 개발하기 시작했다. 그 결과 오늘날 우리가 알고 있는 FF, 즉 가벼운 바디감, 꽃 향, 신선함을 가진 홍차가 탄생한 것이다. 그리하여 이제 다르질링 홍차는 맛과 향이 완전히 다른 퍼스트 플러시와 세컨드 플러시로 나뉘어 홍차를 사랑하는 사람들에게 선택의 폭을 넓혀주었다.

이런 다르질링 FF가 열광적인 호응을 얻은 것은 불과 10~15년경 전부터의 새로운 현상이다.

다르질링 FF의 특징적인 맛과 향은 겨울 동안 뿌리에 저장되어 있던 에너지로 충만한 이른 봄의 싹으로 만드는 것에 더하여 무엇보다도 산화를 적게 혹은 약하게 시킨 것에서 기인한다.

이론적으로는 100퍼센트 산화시켜 만든 것이 홍차이지만, 실제로는 산화도가 매우 다양하다. 다르질링 FF는 마른 찻잎과 엽저를 보면 알 수 있지만 푸릇함이 거의 녹차와 비슷할 정도다. 이는 강한 위조hard withering로 찻잎의 수분을 보통보다 훨씬 많이 제거하는 방법을 통해 산화효소를 불활성화시켜 마치 녹차처럼 푸릇함을 갖도록 만든 것이다. 또한 이런 강한 위조는 향을 강하고 풍부하게 하는 효과도 있다. 뿐만 아니라 유념 또한 매우 부드럽게 하며 이 역시 산화를 약하게 시키는 중요한 방법이다.

그동안은 프랑스 마리아주 프레르가 다양한 다원의 다르질링을 가장 공격적으로 판매해왔는데, 다르질링 다원차 판매에 그렇게 적극적이지 않던 포트넘앤메이슨에서도 2014년부터는 다원차를 적극적으로 판매하기 시작했다. 특히 반녹번 다원Bannockburn 퍼스트 플러시를 2016년까지 3년 연속 예쁜 나무상자에 넣어 차별화하여 판매하고 있다. 또 하나 특이점은 반녹번 다원 퍼스트 플러시 중에서도 항상 DJ1만 판매한다는 것이다. DJ는 다르질링Darjeeling의 약자이며 뒤에 붙는 숫자는 생산한 배치 순서

위조 과정

다. 즉 겨울이 가고 봄이 와서 각 다원이 제일 먼저 생산한 것을 1번으로 하고 그 이후 생산하는 순서대로 번호를 붙인다. 보통 1년의 마지막 생산 번호가 500번 정도까지 간다. 즉 반녹번 DJ1은 2016년 반녹번 다원에서 처음 생산한 배치라는 뜻이다. 따라서 매년 다르질링 햇차를 기다리는 애호가들에게는 상당한 의미가 있는 제품이다.

유념이 잘 되었는지 찻잎은 잘 말려 있고 비교적 작아 보인다. 하지만 그렇게 균일하지는 않은 듯하다. 마른 찻잎의 색상은 다소 어둡다. 더구나 DJ1이라는 것을 염두에 두고 보면 푸릇함이 의외로 적게 느껴진다.

수색은 옅은 황금색으로 아주 투명하다. 마치 철관음鐵觀音의 수색과 비슷하다. FF의 특징인 신선하고 산뜻한 향이 올라온다. 맛에서도 푸릇함은 느껴지지만 뭔가 좀 허전하다. FF 특유의 살짝 떫은맛이 부족하고 그냥 부드럽기만 한데, 그 귀족스런 떫은맛을 좋아하는 필자에게는 다소 아쉽게 느껴진다.

엽저는 마른 찻잎에서 짐작한 것과는 달리 거의 다 밝은 라임색으로 변해 전형적인 FF의 특징을 띠고 있다.
엽저가 매우 작아 아주 어린잎으로 만들
었다는 것은 분명히 알 수 있다.

맛에서 느껴지는 이런 허전함 혹은 아
쉬움은 물론 아주 이른 봄 채엽으로 어떻
게 보면 찻잎이 채 성숙되지 못한 것에서
오는 걸 수도 있다. 우리나라 녹차도 아주
이른 봄에 딴 우전은 다소 맛이 약하다는
평이 있는 것과 비슷하다.

이외에도 근래 몇 년간 계속 FF가 다소 약해지는 경향을 보이는 것은
분명하다. 과거에 기억하는 신선하고 달콤하고 농축된 맛과 향에 꽃 향이
가득 차 있는 특징은 사라져가고 있다. 2016년 4월에 다르질링에서 직접
구입한 FF들도 대체로 맛이 뭔가 밋밋하고 약했다.

외형상 감지할 수 있는 변화는 유념도 산화도 점점 더 약하게 시키고
있다는 것이다. 생산자 입장에서는 수요자들이 이런 FF를 선호하기 때문
이겠지만 필자에게는 어느 정도 강도가 있던 이전 FF가 훨씬 나았던 것
같다.

따라서 우릴 때 양은 조금 더 늘리고 물 온도는 조금 낮추고 우리는
시간을 약간 늘리면 그나마 맛있는 다르질링 FF를 즐길 수 있다. 필자는
여름철이 되면 한 번 우린 FF 엽저에 다시 뜨거운 물을 부어 3~4시간 정
도 두었다가 그냥 상온으로 혹은 차갑게 해서 마신다. 아주 우아하고 기
분 좋은 아이스티가 된다.

반녹번 다원차도 저녁 늦게 우려 마신 후 마찬가지로 뜨거운 물을 붓

고 거의 12시간이 지난 다음 날 아침에 상온의 상태로 마셔봤다. 떫은 맛 하나 없는 탁월한 차로 변해 있었다. 아까운 FF를 잘 활용해보시기 바란다.

INFORMATION

중량	90g
가격	37.5파운드
구입 방법	www.fortnumandmason.com (직구 가능)
우리는 방법	400ml / 3g / 3~4분 / 끓인 후 약간 식힌 물(90℃ 전후)

다르질링 싱불리 다원SFTGFOP1 DJ38
마리아주 프레르

크게 봄차Spring tea라고도 하는 퍼스트 플러시와 여름차Summer tea인 세컨드 플러시로 나뉘는 다르질링 홍차는 같은 다원에서 채엽하고 같은 티 팩토리에서 가공하지만 채엽 시기와 가공 방법에 따라 너무나 다른 맛과 향을 지니고 있다.

퍼스트 플러시는 이른 봄에서 늦봄까지의 채엽과 더불어 아주 강한 위조(시들리기), 그리고 약한 유념, 약한 산화를 통해 차의 맛과 향을 푸르고 신선하게 한다. 따라서 건조한 찻잎도 일반적인 홍차와는 달리 풋풋한 연푸른색이며 수색 또한 옅은 호박색이다. 우린 후의 엽저도 아주 예쁜 라임색을 띤다.

이런 외관상의 모습을 그대로 반영하여 가벼운 바디감, 꽃 향, 신선함, 달콤함, 귀족적인 아주 약한 떫은맛의 기분 좋은 후미를 가지고 있는 것이 다르질링 퍼스트 플러시다.

이런 다르질링 퍼스트 플러시의 특징을 그대로 살리기 위해서는 400그램의 물에 3그램 전후로 다른 홍차보다는 양을 조금 더 넣을 필요가 있다. 물 온도 또한 일단 펄펄 끓여 바로 붓지 말고 한 김 나가게 한 뒤 붓는 것이 좋다. 봄에 채엽한 연약한 찻잎을 보호하는 차원에서다. 우리는 시간은 3분 정도가 적당하지만 찻잎이 큰 경우 조금 더 두어도 상관없다.

　싱불리Singbulli 다원의 SFTGFOP1 DJ38은 최고 등급의 찻잎에 DJ38에서 보는 것처럼 퍼스트 플러시 홍차 맛이 최고점에 이를 때 채엽한 것이다. 건조한 찻잎은 약한 유념 때문인지 단정하지는 않고 보통의 퍼스트 플러시보다 연푸른색은 약한 듯 보인다. 하지만 우린 엽저는 약한 산화로 인한 특유의 라임색에 마치 우롱차의 녹엽홍양변처럼 부분부분 붉은색으로 산화된 것이 아름답다는 느낌을 준다.

　수색은 너무나 깔끔하고 맑으며 약한 노란색이 도는 호박색이다. 특유의 꽃 향은 다소 약하지만 굉장히 안정적이고 절제된 품위 있는 맛과 향을 가지고 있다.

INFORMATION

중량	100g
가격	약 40유로
구입 방법	www.mariagefreres.com(직구 가능)
우리는 방법	400ml / 3.0g / 3~4분 / 끓인 후 약간 식힌 물(90℃ 전후)

다르질링의 생산 지역과 싱불리 다원

다르질링은 7개의 생산 지역으로 구분된다. 다르질링 아래 도시인 실리구리에서 다르질링 타운으로 올라가다보면 남·북쿠르세옹과 동다르질링 지역을 지나 다르질링 타운이 있는 서다르질링에 도착한다. 2013년 방문했을 때는 이 길을 따라 올라갔다가 다시 돌아서 내려왔다. 2016년 방문 때도 이 길을 따라 올라갔지만 싱불리 다원을 방문하기 위해 남서쪽에 위치한 미릭 지역까지 갔다.

자동차로 이동한 시간은 엄청났다. 다르질링 타운에서 출발해 다르질링의 서쪽 산등성이를 따라 미릭 지역으로 가다보면 장대하고 깊은 계곡이 펼쳐지고 그 계곡의 양쪽 산기슭에 다원들이 펼쳐져 있었다. 참으로 아름다운 렁봉 밸리의 풍광이었다. 조금만 더 내려오면 반대편으로 또 하나의 좀더 완만한 계곡을 경계로 건너편 멀리 넓은 다원 지역이 있었는데, 이곳이 바로 네팔의 가장 유명한 홍차 생산지인

렁봉 밸리

일람 계곡

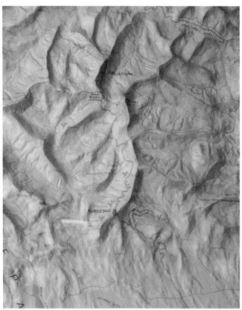

다르질링 차 생산지의 입체 지형도

싱불리 다원의 매니저 하우스와 들어가는 입구

일람llam이다.

다르질링의 서쪽 지역은 네팔과 국경을 접하고 있으며 어떤 국경 초소는 우리나라 철도 건널목 수준의 초소와 바리케이드로 되어 있었다. 이 지역을 지날 때 네팔로 넘어갔다는 여행 경보 문자가 오기도 했다.

다르질링 지도만 봐서는 산악 지역의 상황을 잘 알 수 없었는데, 방문한 어떤 다원에 다르질링 차 생산 지역을 입체로 만든 지도가 있었다. 그 지도를 보니 다르질링 차 생산 지역의 현황이 다소 이해가 되었다. 다르질링 지역의 도로는 좁고 험하기 때문에 이동은 카니발 같은 소형차로 했다. 끝없이 좌우로 급격하게 방향을 바꾸면서 오르내려야만 하는 길이다.

싱불리 다원은 2015년 생산량이 약 170톤 정도로 비교적 큰 규모의 다원이다. 사장은 자신의 다원과 홍차에 대한 자부심이 넘쳐흘렀다. 다원 속에 있는 다르질링 특유의 오래된 저택에서 대접받은 점심은 인도에서 먹은 가장 맛있는 식사였다.

다르질링 헤븐 Ambootia Worldwide Exclusive
마리아주 프레르

1947년 영국으로부터 독립한 후 다원의 소유권은 대부분 인도인에게 넘어갔음에도 홍차에 대한 주도권은 여전히 영국인들이 좌우했다. 1970년대까지도 영국인 차 중개인들이 다르질링 홍차에 대한 독점권을 거의 다 장악하고 있었다. 이것이 의미하는 바는 영국인들의 취향대로 강한 다르질링, 즉 지금의 입장에서 보면 주로 SF 위주로 생산하고 유통했다는 것이다.

이런 흐름에 변화가 오기 시작한 것이 1980년대 초였다. 이 시기는 오늘날 불고 있는 전 세계적인 홍차 붐이 막 일어날 무렵이기도 하다. 이때부터 다르질링 지역의 특성, 즉 차나무가 자라는 고도, 차나무 품종, 계절 변화 등으로 인해 다양한 맛과 향의 다르질링이 생산될 수 있다는 잠재력을 파악하고는 오늘날 우리가 즐기는 다양한 다르질링으로 발전해온 것이다.

우선 계절별 특성을 살린 것이 오늘날 다르질링의 가장 큰 특징이 된

FF와 SF의 구분이었다.

이렇게 하여 새로이 탄생하게 된 다르질링 FF가 오늘날처럼 유행하게 된 것은 이미 언급했듯이 10~15년 남짓밖에 안 된다. 이 10여 년 전부터 오늘날까지 다르질링 홍차가 다양화되고 발전한 것은 놀랄 만하다. 물론 맛이나 향, 다양성, 신선함 등 홍차 산업 전체가 발전했지만 다르질링에 비할 바는 아니다.

계절별 구분에 이어 다원별 구분이 시작되었다. 이런 도전 정신이 가장 강한 마리아주 프레르조차도 7~8년 전엔 몇 개 다원의 다르질링 홍차만을 판매했을 뿐이다.

지금은 수십 개의 다르질링 홍차를 판매함과 동시에 그 다양성도 대단하다. 다원별로 구분할 뿐만 아니라 각 다원의 채엽 시기별로 구분하여 푸타봉 다원 DJ1, 마거릿호프 다원 DJ16, 암부샤 다원 DJ120 등 다원별로 해당 연도의 생산 순서대로 번호를 매겨 구분하고 있다. 채엽 시기별로 다르게 나타나는 섬세한 맛과 향의 차이를 즐길 수 있도록 애호가들에게 선택권을 준다는 취지다. 이제는 다르질링을 판매하는 거의 모든 회사가 이런 트렌드를 따르고 있다.

새로운 마케팅

여기에 더하여 최근에는 다르질링 헤븐Darjeeling Heaven, 다르질링 윈저 Darjeeling Windsor 같은 새로운 이름의 다르질링 홍차를 판매하고 있다. 싱불리 SFTGFOP1 DJ38/2015처럼 다원과 등급, 수확 연도와 시기를 아주 자세히 표시해 판매하던 목록에 '다르질링 헤븐–다르질링 오트 쿠튀르

Darjeeling Heaven-Darjeeling Haute Couture®'처럼 아무런 정보 없이 판매하는 다르질링이 등장한 것이다. 게다가 가격도 엄청 비싸다.

홈페이지에서 해당 제품을 클릭하고 들어가면 상세 설명이 나오는데, '헤븐'은 암부샤 다원, '윈저'는 해피 밸리 다원의 차로 마리아주 프레르와 협력하여 (혹은 마리아주 프레르만을 위해) 생산한 고급 제품이라는 내용이다. 실제 각 다원차는 어느 홍차 회사에서든 팔 수 있다. 다원이 해당 홍차 회사에 판매만 한다면 홍차 회사가 구입해서 소비자에게 판매하면 되는 것이다. 그리고 높은 가격을 준다면 다원을 팔지 않을 이유도 없다. 결국 암부샤, 정파나, 마거릿호프 다원의 홍차는 마리아주 프레르에서도, 해러즈에서도 또 다른 홍차 회사에서도 팔 수 있는 것이다.

이런 상황에서 마리아주 프레르가 '다르질링 헤븐'같이, 뒤에 TM_{Trade Mark}을 붙여 독자적 브랜드화한 것은 무슨 의미일까. 이는 암부샤 다원에서 생산하여 다르질링 헤븐이라고 부르는 홍차는 다른 회사에서 판매하는 암부샤 다원 홍차와는 품질이 다르고 심지어 마리아주 프레르 자체적으로 판매하는 암부샤 다원의 여타 홍차와도 다르다는 의미다. 즉 다르질링 문_{Darjeeling Moon}처럼 문다코테_{Moondakotee} 다원의 고급 브랜드가 있고 또 문다코테 FTGFOP1 DJ3/2015처럼 일반 문다코테 다원차도 판매하는 것이다. 결국 같은 다원차를 판매하더라도 이원화시켜 가격 차이를 내고 있다고 할 수 있다.

같은 다원에서 생산하는 차라고 모두 품질이 같지도 않겠지만 나름의 차별화를 위해 노력을 더한 것임에는 틀림없다. 예를 들어 다르질링 뷰티_{Darjeeling Beauty}는 알루바리_{Aloobari} 다원 홍차인데, 마리아주 프레르를 위해서만 기획된 것으로 1년에 10킬로그램만 생산한다고 설명되어 있다. 높은 가격을 매기기 위해서 이와 같이 어떤 식으로든 소비자를 설득할 수 있는 명분을 만드는 것이다.

또 한 가지 특징은 싱불리 SFTGFOP1 DJ38/2015 경우처럼 다원차를 팔 때 자세히 밝혔던 등급, 수확 시기, 수확 연도 등을 일절 표시하지 않는다는 것이다. 그건 홈페이지의 상세 설명에도 나와 있지 않다. 사실 등급이라는 것은 찻잎의 크기와 싹의 유무 혹은 싹의 많고 적음을 표시하는 것이지 품질을 보증하는 것은 아니다. DJ 뒤에 붙은 숫자로 판단하는 채엽 시기 또한 채엽 시기에 따른 맛과 향의 다양성을 표시하는 것에 불과하다. 이런 면에서 볼 때 아무런 표시가 없는 다르질링 헤븐 유의 제품은 우리(마리아주 프레르)가 판단한 최고의 품질이니 믿으라는 표시로 해석된다. 소비자 입장에서도 가격만 높게 지불한다면 고민 없이 마리아주 프레르가 추천하는 최고의 제품을 맛보게 되는 것이다.

그동안의 과정을 보면 결국 다른 홍차 회사들도 이 방향으로 갈 가능성이 높다. 그리고 다르질링의 일부 유명한 다원들도 이미 각자가 생산하는 홍차에 단순히 다원 이름만 붙이는 대신 멋지고 아름다운 브랜드를 붙이기 시작했다.

앞으로는 캐슬턴 다원, 기엘레 다원, 푸타봉 다원의 홍차보다는 어느 회사의 캐슬턴 다원, 기엘레 다원, 푸타봉 다원차가 더 좋은지가 관심의 대상이 되는 것이다. 물론 지금까지 역시 같은 다원차라도 판매 회사에 따라 다소 품질 차이가 있었다. 하지만 앞으로는 그것이 하나의 마케팅 수단이 될 것 같다. 그리고 아마 가격도 더 비싸질 것이다.

지금까지 다소 장황하게, 현재 진행되고 있는 다르질링 홍차의 변화 혹은 발전 흐름을 마리아주 프레르의 실례를 들면서 살펴보았다. 이 모든 것에도 불구하고 필자의 의문은 과연 그렇게 가격 차이가 날 만큼 품질이 차별화되느냐는 것이다. 실제로 품질 차이가 있다면 구입 여부는 소비

이 아름다운 다원을 개척하느라 고생한 100여 년 전 현지인들의 고통과 이후에도 그곳에 머무르고
있는 후손들의 노고가 항상 머릿속에서 떠나지 않는다.

자가 판단하면 되는 것이다.

자, 이제 천국을 경험해보겠다.

찻잎의 외형은 언뜻 보면 유념을 전혀 하지 않고 만드는 백모단 찻잎과 비슷해 보인다. 물론 찻잎이 약간 말리고 입체감이 있어 전혀 하지 않은 것은 아니다. 찻잎의 색상은 회색과 연푸른색, 옅은 갈색의 조화로 이 또한 백모단과 비슷하다. 산화 또한 아주 약하게 되었다는 뜻이다. 여기에 흰색 싹이 많이 포함되어 정말 언뜻 보면 등급 높은 백모단처럼 보인다. 싹이 흰색을 띤다는 것은 유념을 하지 않았거나 아주 약한 유념을 했다는 증거다. 제대로 유념을 한다면 싹이 금색, 즉 골든 팁으로 변해야 한다. 싹이 흰색을 띠는 것은 유념을 전혀 하지 않아 싹이 상처를 입지 않은 경우에 나타나는 현상이며 가장 대표적인 것이 가공 과정에 유념이 없는 백호은침의 경우다.

외형으로 판단할 때 헤븐은 싹이 아주 많이 포함되었고 유념과 산화를 아주 약하게 한 FF 스타일의 홍차다. 신선해 보이고 귀해 보이고 아름다워 보이는 외형을 가진 것은 사실이다.

우려지는 동안, 유리 티포트에는 백호은침을 우릴 때처럼 수면에서 아래로 길게 늘어선 싹이 눈에 띈다. 수색은 아주 옅은 노란색을 띤, 결코 홍차의 수색은 아니다. 철관음 혹은 백호은침의 수색이다. 하지만 백호은침 수색보다는 약간 더 노란 느낌이 있어 정말 아름답고도 황홀한 수색이다. 향은 신선하고 달다. 향에 푸르름도 있지만 그냥 푸른 것이 아니고 굉장히 절제된 푸르름이 기존의 다르질링 FF와의 차이다. 한층 세련된 푸르름이라고나 할까. 바디감은 약하다. 그리고 다르질링 FF의 특징인 약간 떫은 듯, 얼얼한 듯한 맛이 없다. 긍정적으로 보면 고급스럽고, 부정적으로 보면 싱겁다고 말할 수도 있겠다. 엽저에는 좋은 백호은침을 우렸을 때나 볼 수 있는 라임색의 거의 온전한 싹들이 많다. 잎들도 온전한 형태가 많고 온전한 형태의 부분부분에 옅은 붉은색이 있어 마치 우롱차를 우렸을 때 보이는 녹엽홍양변의 모습이다. 갑자기 유념을 어떤 식으로 했는지가 궁금해진다. 혹시 우롱차처럼 주청을 하지 않았을까. 어쨌든 마른 찻잎에서도 알 수 있었듯이 아주 약한 유념을 한 것은 사실인 듯하다.

쪽머리를 하고 예쁜 한복을 입은, 품위 있고 아주 엄격한 녹차 선생님이 이 차를 마신다면 어떤 말씀을 하실까 하는 생각이 이 차를 마시는 내내 들었다. 그리고 같이 먹으려고 준비한 달콤한 파운드케이크는 결국 먹지 않았다. 먹어서는 안 될 것 같은 생각이 들었다.

INFORMATION

중량	100g
가격	70유로
구입 방법	www.mariagefreres.com(직구 가능)
우리는 방법	400ml / 3.0g / 4분 /
	끓인 후 약간 식힌 물(90℃ 전후)

마리아주 프레르의 다르질링 고급 브랜드

아래는 현재 마리아주 프레르에서 판매되는 고급 브랜드로, 제품명과 생산된 다원 이름이다.

다르질링 블라섬Darjeeling Blossom, 암부샤

다르질링 세인트Darjeeling Saint, 룽무크 가든Rungmook Garden

다르질링 보자르Darjeeling Beaux-arts, 알루바리

다르질링 글로리Darjeeling Glory, 시비타르Sivitar

다르질링 윈저Darjeeling Windsor, 해피 밸리

다르질링 문Darjeeling Moon, 문다코테

다르질링 보엠Darjeeling Boheme, 해피 밸리

다르질링 파라다이스Darjeeling Paradise, 해피 밸리

다르질링 뷰티Darjeeling Beauty, 알루바리

다르질링 리리크Darjeeling Lyrique, 오렌지 밸리 가든

다르질링 그레이스Darjeeling Grace, 암부샤

다르질링 헤븐Darjeeling Heaven, 암부샤

다르질링 카리스마Darjeeling Charisma, 총통Chongtong

암부샤 다원
해러즈

　　다르질링 세컨드 플러시는 퍼스트 플러시 생산이 종료된 후 잠시 휴식기를 가진 다음 5월 초 혹은 중순에 시작하여 몬순 시기가 오는 6월 중순 혹은 말까지 생산되는 것이 일반적이었다. 하지만 최근에는 5월 중순까지 FF를 생산하여 세컨드 플러시 생산 시기가 뒤로 밀렸다는 소식도 있다. 변화가 있는 것 같은데 좀더 지켜봐야 할 것 같다. 최근에 와서 독일과 일본을 중심으로 퍼스트 플러시의 인기가 높지만 오랫동안 다르질링 홍차가 누려온 명성은 이 세컨드 플러시로 인한 것이며 여전히 세컨드 플러시가 다르질링을 대표하는 홍차다.

　　세컨드 플러시는 퍼스트 플러시의 풋풋함과는 달리 익은 과일에서 나는 성숙한 맛과 향의 조화에 복합미가 더해진 것이 특징이다.

　　찻잎은 일반적으로 약간 부피감이 있으며 색상은 갈색의 다양한 조화라고 표현하는 것이 좋을 것 같다. 기본적으로 갈색 톤을 띠면서 연한 갈색, 짙은 갈색, 밝은 갈색의 잎이 섞여 있다. 생산한 다원마다, 또 판매하

남쿠르세옹 지역에 있는 암부샤 티 부티크. 그냥 차를 우려서 파는 소박한 곳이다.

는 회사마다 조금씩 다르다. 수색은 보통 짙은 호박색을 띤다.

　퍼스트 플러시와 세컨드 플러시의 차이는 크게 보면 채엽 시기와 가공 방법 차이에서 비롯된다. 늦봄에서 여름철에 채엽된 찻잎은 봄 찻잎과는 달리 짧은 기간이 주는 놀라운 영향으로 그 성질이 다르다. 또한 가공 방법에서는 위조와 산화의 차이로 전혀 다른 두 종류의 차가 되는 것이다.

　여기에 더하여 각 다원이 위치한 고도와 이에 따른 토양과 기온의 차이, 다원마다 다른 아삼종과 중국종의 구성비, 그리고 개개 다원 특유의 가공 방법으로 인해 다르질링 지역 80여 개의 다원은 각자의 매력을 가진 세컨드 플러시를 생산하는 것이다.

　해러즈의 스테디셀러인 암부샤 다원의 세컨드 플러시는 다원의 명성만큼이나 훌륭한 맛과 향을 보여준다. 마른 찻잎은 부피감이 있어 보이고 전형적인 세컨드 플러시의 아주 다양한 갈색의 배합이다. 황금색 팁뿐만 아니라 흰색 팁도 보여 찻잎의 전체적인 느낌이 마치 타이완의 유명한 우롱차인 동방미인 찻잎의 화려함과 닮았다. 수색은 호박색보다는 다소 짙은 적색에 가깝다. 아주 맑고 아름다운 색이다. 입안을 가득 채우는 듯한 바디감에는 향까지 녹아 있는 것 같고 코로 내뿜는 숨에는 특유의 무스카텔 향과 더불어 약한 복숭아 향도 숨어 있다. 부드럽고 깔끔한 맛 뒤에 살짝 느껴지는 아주 약한 수렴성이 아련한 느낌을 준다. 참 좋은 홍차다.

암부샤 다원

INFORMATION	
중량	125g
가격	17파운드
구입 방법	www.harrods.com(직구 가능)
우리는 방법	400ml / 2.5g / 3분 / 펄펄 끓인 물

오카이티 트레저

해러즈

해러즈의 오카이티 트레저Okayti Treasure는 해러즈의 다른 다르질링 세컨드 플러시보다 가격이 조금 더 비싸다. 제품 명에도 트레저(보물)를 붙였으니 해러즈 입장에서는 차이 나는 뭔가를 말하고 싶은 것이다. 이 제품을 소개한 책자에 보면 오카이티 다원이 지금까지 생산한 가장 섬세하고 훌륭한 차라고 되어 있다.

이 차를 만들기 위해서는 황금색을 가진 싹만을 채엽해야 하며 이런 황금색 싹을 생산하는 차나무는 오카이티 다원의 20만 그루 중 1250 그루에 불과한 최상의 중국종 차나무라고 한다. 그래서 보통은 하루에 50~60킬로그램의 찻잎을 따는 플러커들이 이 찻잎의 경우에는 겨우 60~80그램만 딸 수 있기 때문에 한 사람이 딴 찻잎으로 만들 수 있는 완성된 차가 15~20그램에 불과하다고 한다. 참고로 채엽 당시의 생잎에는 75~80퍼센트의 수분이 있어 완성된 차는 생잎 무게의 20~25퍼센트 수준이 보통이다.

오카이티 다원

이 소개의 내용이 확실하다면 엄청난 차임에는 분명하지만 아마 많은 부분이 마케팅적인 수사일 것이다.

하지만 황금색 싹을 생산한다는 이 차나무가 특별한 품종인 것은 분명하다. 1200미터에서 1900미터 사이의 고도에 펼쳐진 다원이므로 높은 지대에는 상대적으로 중국종 차나무가 많기 때문이다.

오카이티 다원은 1880년대에 등장한 곳으로 독립 이전에는 버킹엄 궁전에서 음용된 다르질링 홍차 전체를 독점적으로 제공했다고도 알려져 있다. 오카이티라는 다원 이름이 여왕이 이 다원의 차를 마시고 "오케이 티Okay Tea!"라고 감탄한 데서 유래했다는 근거 불명의 전설도 있다.

오카이티 트레저의 두드러진 특징은 골든 팁이 아주 많이 포함되어 있다는 것이다. 2002년 해러즈가 처음 판매하기 시작한 이래 이렇게 싹이 많이 포함된 것을 '트레저 급'이라고 부르기도 한다.

찻잎의 색상은 전체적으로 갈색 톤이다. 같은 세컨드 플러시라도 다원마다 찻잎의 모양이 다른 것이 당연하지만 암부샤 다원이나 캐슬턴 다원보다도 찻잎이 더 크고 느슨하다. 아마 유념이 약하게 된 것 같다.

수색은 전형적인 호박색이다. 맑기보다는 부드러운 느낌을 주는 수색이다. 향 또한 부드럽다. 무스카텔 향에다 달콤한 솜털 향이 더해져 같이 올라온다. 맛 또한 부드럽다. 맛에도 무스카텔 향과 단 솜털 향이 느껴진다. 엽저는 식어가면서 더욱 달콤한 향이 난다. 바디감은 상당히 있는 편이다. 마시면 입안을 가득 채우는 느낌에 편안함을 준다. 전체적으로 부드럽다는 느낌을 주는 것은 품종 영향도 있겠지만 싹이 많고 유념이 약하게 된 데서 오는 것 같다.

마음이 넓고 원만해 만나면 편안한 친구 같은 좋은 차다. 하지만 오카

이티 다원의 트레저는 호불호가 조금 갈린다. 이 부드럽고 달콤한 솜털
향에 대해 선호가 명확하기 때문이다. 하지만 한 번쯤 경험해볼 만한 특
별한 차임은 분명하다.

오카이티
트레저

중량	125g
가격	19.95파운드
구입 방법	www.harrods.com(직구 가능)
우리는 방법	400ml / 2.5g / 3분 / 펄펄 끓인 물

캐슬턴 무스카텔

해 러 즈

　　　　지난 10~15년 전부터 다르질링 퍼스트 플러시에 대한 관심도가 급격히 높아진 것은 사실이지만 앞에서 언급한 대로 실제로 다르질링의 명성은 오랫동안 세컨드 플러시로 인한 것이었다.

　이 SF의 대표적 특징으로서 언급되는 것이 바로 무스카텔이라고 불리는 맛과 향이다.

　이 무스카텔의 맛과 향에 대해서는 우리나라 홍차 애호가들 사이에서 많은 이야기가 오고 있고 사실 외국의 홍차 전문가들 사이에서도 일치된 견해만이 존재하는 것은 아니다. 그렇지만 세컨드 플러시에서 나는 맛과 향이 머스캣 품종의 포도로 만든 스위트 와인Sweet Wine에서 나는 달콤하고 강한 맛과 향을 연상시킨다고 하여 무스카텔Muscatel이라고 불리기 시작했다는 것이 일반적인 정설이다. 혹자는 머스캣 품종의 포도 향이라 하기도 한다. 하지만 머스캣 품종만 하더라도 종류가 많고 와인을 만드는 방법도 다양하니 정확하게는 어떤 향을 지칭하는지에 대해 다양한 의견

이 존재하는 것이다. 우리나라에서
유행하는 모스카토 다스티라는 화
이트 와인도 바로 머스캣 품종으
로 만든 것이다. 그럼에도 좋은 세
컨드 플러시를 마시면 느낄 수 있
는 어떤 공통된 맛과 향의 특징이
있는 것은 사실이다. 따라서 이 맛과
향을 무스카텔이라고 이해하는 것이 옳을 것
같다.

머스캣 품종의 포도

캐슬턴Castleton 다원은 특히 이 무스카텔 향으로 유명하다. 다원 측 자
료에 따르면 최고의 무스카텔 향은 중국종 차나무에서 채엽한 잎으로 6
월에 생산한 차에서만 난다고 한다.

전체적 색상은 갈색이지만 단순히 갈색이라고 말하기에는 너무나 다양
한 갈색이 섞여 있다. 팁도 황금색에 가까운 것과 밝은 회색에 가까운 것
이 섞여 있다. 찻잎의 크기는 비교적 균일하지만 역시 다양하게 섞여 있
다. 세컨드 플러시치고 큰 편은 아니다. 이런 찻잎의 외형은 해러즈의 '다
르질링 무스카텔'이 캐슬턴 다원에서 생산한 여러 배치를 블렌딩한 것에
서 비롯됐다고 유추할 수 있다. 즉 예를 들어 5월 중순에 생산한 세컨드
플러시와 6월 초에 생산된 세컨드 플러시를 블렌딩했을 때 최고의 맛과
향이 나온다면 그렇게 하는 것이 맞다는 말이다. 심지어 5월 중순과 6월
초의 가공 과정이 다소 다를 수도 있다. 이 블렌딩은 캐슬턴 다원 자체에
서도 할 수 있고, 해러즈에서도 할 수 있다. 어느 쪽에서 하든 필자의 판
단에는 이렇게 하는 것이 옳다고 생각된다. 다원이든 해러즈든 최고의 맛

캐슬턴 다원의 티 팩토리

과 향을 가진 세컨드 플러시를 소비자에게 제공하는 것이 옳기 때문이다.

수색은 아주 맑고 품위 있는 적색이다. 수색에서 뭔가 꽉 찬 느낌, 그러면서 매우 정돈된 분위기가 풍긴다. 앞에서 설명한 무스카텔 향이 우린 차를 서빙 티포트에 옮겨 부을 때부터 강하게 올라왔다. 뜨거운 엽저에서도 꽉 찬 향이 올라온다. 맛에도 무스카텔 향이 아주 많이 녹아 있는 것 같다. 정파나 다원 세컨드 플러시에서처럼 캐슬턴 다원 다르질링에서도 꽃향기가 느껴지지만 화사한 봄꽃과는 다른 화려하지 않은 가을꽃의 향기가 숨어 있는 듯하다. 이런 느낌이 해러즈 홈페이지 소개에 있는 머스크Musk 향인지도 모르겠다.

바디감은 그렇게 강하지 않다. 약한 것은 아니지만 그렇다고 결코 강한 편은 아니다. 차를 입속에 머금으니 경쾌한 느낌을 준다.

엽저의 색상도 찻잎 색상처럼 전체적으로는 갈색이긴 하지만 다양한 갈색이 섞여 있으며 녹색을 띤 엽저도 있다. 이를 봐도 같은 다원의 세컨드 플러시라도 생산 시점에 따라 산화 정도를 포함한 가공 방법이 다르다는 것을 알 수 있다. 이런 다양한 변수가 다르질링 80여 곳 다원이 생산하는 홍차의 맛과 향에 차이를 가져오는 것이다.

무스카텔의 맛과 향을 떠나 매우 안정적이고 부드러운 홍차다. 이렇게 좋은 홍차를 잘 우려 마시면 홍차에 부정적인 생각을 갖고 있던 사람들도 대부분 홍차를 좋아하게 될 거라고 확신한다.

1885년 세워진 캐슬턴은 남쿠르세옹에 위치하며 약 1000~2300미터의 고도에 걸쳐 형성되어 있다. 비교적 높은 고도에 위치해서인지 차나무는 대부분 중국종이다. 1992년에는 캐슬턴 다원의 홍차가 옥션에서 그동안의 최고가 기록을 갈아치우기도 했다. 해러즈의 다르질링 무스카텔은 1600미터 이상에서 채엽한 잎으로만 만들었다고 한다.

다원에는 실제로 성 비슷한 건물이 있는데, 그 건물의 유래에 대해서는 누구도 정확히 아는 바가 없다고 한다.

인도 홍차:
다르질링

중량	125g
가격	19파운드
구입 방법	www.harrods.com(직구 가능)
우리는 방법	400ml / 2.5g / 3분 / 펄펄 끓인 물

PRODUCT 39

다르질링 서머골드(정파나 다원)

로네펠트

다르질링
서머골드

정파나 다원에는 하나의 전설이 있다. 정
바하두르Jung Bahadur는 이 계곡에 있는 식인 호랑이(혹은 표범)를 쫓고 있
던 영국인 사냥꾼의 충실한 하인이었다. 자기 주인의 목숨을 구하려다
큰 상처를 입고는 죽어가면서 마지막으로 물 한 모금을 마시고 싶어했는
데 그 지역 언어로 물이 파나pana였다. 그래서 이 언덕의 이름이 정파나
Jungpana라고 불리기 시작했고 다원 이름도 여기서 유래되었다는 것이다.
필자는 '정파나'라는 단어가 약간 이국적이고 신비로운 느낌을 주어 이
름만으로도 처음부터 정이 갔다. 정파나 다원은 다르질링의 7개 소지역
중 남쿠르세옹에 위치한 비교적 작은 다원이며 유명한 굼티Goomtee 다원
과 경계를 이루고 있다. 이들 말고도 주위의 남·북쿠르세옹 지역에는 캐
슬턴, 마카이바리, 암부샤, 싱겔, 마거릿호프, 너봉 등 홍차 애호가들에게
익숙한 유명 다원이 많다. 처음 다르질링에 갔을 때 첫날 묵은 곳이 남쿠
르세옹에 있는 작은 호텔이었는데, 주위를 산책하거나 차로 이동할 때 이

정파나 다원과 티 팩토리

런 다원들의 이름이 적힌 팻말을 보면서 흥분하고 들떴던 기억이 새롭다.

1899년에 만들어진 정파나 다원은 특히 세컨드 플러시로 유명하다. 로네펠트에는 다르질링 서머골드Darjeeling Summer Gold라는 이름으로 두 가지 제품이 판매된다. 다르질링에 무스카텔이라는 표시가 있으면 세컨드 플러시를 의미하듯, 서머라는 표시 역시 세컨드 플러시를 의미한다.

하나는 화이트 컬렉션White Collection으로 하얀색 틴에 넣어 판매하고 나머지 하나는 주문하면 흰색 봉투에 담겨서 온다. 봉투에 담겨 오는 것은 분명히 정파나 다원이라고 홈페이지 표시가 되어 있는데, 틴에 들어 있는 것은 그런 표시가 없다. 하지만 제품명이 동일하기에 틴에도 정파나 다원 홍차가 들어 있을 것이라고 생각한다.

전체적으로는 짙은 갈색이지만 그 짙고 옅음이 다양하다. 잔 부스러기 없이 비교적 균일하고 단정해 보이는 찻잎이다.

수색은 맑은 호박색이다. 향에는 선명한 무엇인가가 없는데, 마시면 마치 꽃 향이 우린 차에 녹아들어 있는 것 같다. 세컨드 플러시에 꽃 향이 녹아든 맛은 조금은 특이한 경우다. 그리고 맛이 수색처럼 맑고 담백하다. 바디감이 없는 것은 아니지만 맑고 담백함이 두드러져 일반적인 세컨드 플러시의 특징 중 하나인 복합미가 다소 약하다고

다르질링 서머골드의 찻잎

느낄 수도 있겠다.

엽저의 색상도 마른 찻잎처럼 다양한 층이 있지만 전체적으로는 밝은 갈색이고 일부는 약간의 녹색스러움도 보인다. 세컨드 플러시치고는 산화가 그렇게 많이 된 것 같지는 않다.

엽저의 온도가 변해가면서 열후, 온후, 냉후가 달라져가는 것을 느껴보는 것도 재미있다.

중량	100g(동일)
가격	화이트 틴(12.8유로) / 봉지(11.9유로)
구입 방법	www.tee-kontor.net(직구 가능)
우리는 방법	400ml / 2.5g / 3분 / 펄펄 끓인 물

시킴 테미 다원TGFOP
로네펠트

시킴 테미 다원

다르질링의 북쪽과 경계를 접하는 시킴 주는 독립된 왕국이었으나 1975년 인도의 22번째 주로 편입되었다. 북쪽으로는 티베트, 남동쪽으로는 부탄, 서쪽으로는 네팔과 국경을 접하고 있는 정치·군사적으로 중요하고도 예민한 지역이다. 그래서인지 인도이지만 입국할 때는 따로 비자가 필요하다.

다르질링 타운에서 티에스타Teesta 밸리 지역을 지나 북쪽으로 가다가 칼림퐁Kalimpong이란 도시를 비껴서 더 북쪽으로 꽤 오랫동안 티에스타 강 계곡을 따라간다. 시킴과의 경계선에 있는 랑푸Langpo라는 작은 도시에서 약간의 서류 심사를 마치고부터는 아래쪽으로 멀리, 가끔씩 티에스타 강을 보면서 자동차는 고도가 높은 곳으로 계속 좌우로 방향을 바꿔가면서 올라간다. 아주 위험한 길이다. 다르질링에서 출발한 지 거의 7시간이 지나서야 시킴 지역의 유일한 다원인 테미Temi 다원에 도착했다.

"시킴에 온 것을 환영합니다."

티에스타 강 상류 지역

테미 다원

인가와 차밭이
그림처럼 어우러져 있다.

민가의 정경

다원 한가운데
위치한 호텔

다원 자체만 놓고 보면 정말 아름다운 곳이다. 사방팔방으로 산기슭의 경사면을 따라 빈틈없이 녹색의 푸르고 푸른 차밭이 다양한 모습으로 펼쳐져 있다. 아주 멀리 계곡 너머로는 히말라야 산맥 줄기가 배경을 이루고 있고, 다원의 언저리에는 다원과 관련된 사람들이 사는 듯한 민가도 적당히 형성되어 있다. 이 경사진 차밭 속으로 두 시간 남짓 걸어 다녔고, 민가에 가서 사람들과 대화도 해보고 그들이 사는 모습도 카메라에 담았다. 특이하게 차를 마실 수 있는 카페 비슷한 곳도 있었지만 대부분 문이 닫혀 있었다. 어떤 곳은 비슷한 형태와 비슷한 색상의 차나무들이 모여 있고, 어떤 곳은 녹색이지만 농담이 다른 다양한 색상이 조화되어 있기도 했다. 이 다원 한가운데 우리가 묵은 호텔이 있었다. 정말 이렇게 완벽하게 차나무로 둘러싸인 곳에서 밤을 보낸 기억은 없는 것 같다. 호텔 로비에 나와도 바로 차밭, 방의 창문으로도 차밭밖에 보이지 않았다. 닐기리에서도 이와 비슷한 곳에서 묵었지만 이 정도는 아니었다. 그러니 늦은 밤의 차나무들도 볼 수 있었고, 이른 새벽의 차나무들도 볼 수 있었다. 밤이 되면 캄캄해지지만 그 캄캄함 속에서도 차밭에 있는 차나무들의 어두운 색상에는 차이가 있었다. 마치 다이아몬드가 깎인 각도에 따라 빛이 반사되듯이 어둠 속에서도 낮에 보았던 찻잎 색상의 농담은 그대로 드러났다. 저 멀리, 낮에는 분명 녹색의 다원이 펼쳐졌던 곳은 부드러운 침묵 속에 빠졌고 드문드문 보이는 주위의 불빛은 숨 막힐 듯한 적막감을 더욱 드러나게 해 히말라야 산맥 2000미터 고도에 있는 이 다원이 마치 다른 행성처럼 느껴지게 만들었다.

　시차 때문에 항상 5시 이전에 눈이 떠졌는데, 어둠이 가시지 않은 다원으로 나가보았다. 짙은 구름(혹은 안개)이 온 다원을 감싸고 있었다. 꽃향, 너무나 밀도 높은 꽃 향이 다원을 감싸고 있었다. 특이한 꽃 향이었

티 팩토리의 입구와 전경

다. 고급 한약에서 나는 듯한 향이었는데, 이런 밀도 높은 구름 속에 이런 향이 꽉 차 있다면 정말 차나무 잎에도 스며들지 않을까 하는 상상도 해 봤다. 찻잎들도 습기에 젖어 낮에 본 색상이나 밤에 본 색상과도 또 다른, 수분을 잔뜩 머금은 무거운 녹색의 다양함을 표현하고 있었다.

시간이 흘러 7시가 넘자 오히려 더 많은 구름이 몰려들었다. 저 멀리 어두운 산들을 배경으로 발아래 펼쳐진 차밭 위로 다양한 모습의 구름이 왔다가 사라지는 모습은 환상적이었다.

하지만 테미 다원의 홍차는 홍차 세계에서 그렇게 큰 의미가 있지는 않다. 다르질링과 인접한 시킴 주의 유일한 다원이라는 희소성이 오히려 더 큰 의미가 있는 것 같다. 물론 맛과 향이 다르질링과 유사한 측면이 있는 것은 사실이고 가끔씩은 훌륭한 홍차가 생산되기도 하지만 그런 일은 어느 지역 어느 다원에도 있다. 2015년 생산량도 100톤 정도로 그렇게 많은 물량이 아니고, 2016년 4월에 필자가 방문했을 때도 시음한 차의 품질이 기대 이하인지라 차를 구입하지도 않았다. 시킴 홍차는 홍차의 품질보다는 시킴이라는 지역이 주는 특이성으로 인해 우리나라에서 다소 관심을 받고 있는 듯하다.

마른 찻잎은 전형적인 다르질링 SF다. 전체적으로는 갈색이지만 다양한 농담의 갈색이 형형색색 섞여 있다. 여기에 흰색 싹이 다소 특이하게 많이 들어 있다. 찻잎의 형태는 그렇게 균일하지는 않다.

수색은 옅은 적색을 띠지만 아주 맑아 기분이 좋아진다. 다르질링 SF 와 비슷한 향이 나지만 그렇게 특색이 있지도 매력적이지도 않다. 바디감은 다소 약하지만 깔끔함은 긍정적으로 느껴진다. 코로 느끼지 못했던 무스카텔 향이 마실 때 입안에서는 상당히 임팩트 있게 느껴진다. 특별한 매력이 있지는 않지만 "가볍고 기분 좋은 다르질링 SF", 테미 다원 홍차에 대한 필자의 평가다.

 이 맛과 향을 위해 다르질링에서 하룻밤을 들여 방문할 가치가 있을까 하는 생각도 든다. 물론 아름다운 풍광은 충분히 보고 경험해볼 만한 가치가 있다. 마지막으로 사족을 단다면, 호텔이라는 표현을 썼지만 환경이 매우 열악했다.

시킴 테미 다원

INFORMATION

중량	100g
가격	7.7유로
구입 방법	www.tee-kontor.net(직구 가능)
우리는 방법	400ml / 2.5g / 3분 / 펄펄 끓인 물

다르질링 타운

다르질링 타운은 동다르질링 지역과 서다르질링 지역의 경계에 있으며 약
2100미터 고도에 위치한다. 중심부에는 초우라스타Chowrasta 광장이 있으
며 이 주위에 많은 호텔이 운집해 있다. 광장에서 이어지는 골목에는 쇼
핑할 수 있는 가게와 상점들이 좌우로 줄지어 있다. 관심을 끌었던 것은
광장에 있는 서점이었다. 75년 전에 생긴 서점은 다르질링 타운의 규모로

**인도 홍차:
다르질링**

초우라스타 광장. 오른쪽 끝에 있는 건물이 골든팁스이며, 그 왼쪽이 70년 넘은 서점이다. 왼
쪽 두 번째 멀리 있는 나무 뒤에 '카페 커피 데이'가 위치한다.

봐서는 꽤 큰 편이었고, 내부에서도 세월의 연륜이 묻어났다. 그곳에서 아마존 검색으로는 구할 수 없었던 좋은 책을 여러 권 구입했다.

골목을 조금만 더 내려가면 나오는 다스DAS라는 사진 스튜디오에서는 다르질링과 관련된 사진을 판매하고 있었다. 특히 좋았던 것은 100년 이상 된 오래된 사진이 많았다는 점이다. 초기 다르질링 다원 개발 모습이나 다르질링 타운의 발전 모습, 옛사람들의 모습이 담긴 흑백 사진들이었다. 여기서도 흑백 사진 몇 장을 구입했고, 출력된 사진이 없는 경우 주문한 뒤 한국에서 우편으로 받았다.

홍차와 다구들을 구입할 수 있는 곳은 '골든팁스'와 '나쓰물쓰' 두 매장이다. 골든팁스는 광장 서점 옆에 위치하며 나쓰물쓰는 상점들이 있는 골목을 한참 내려가다보면 오른쪽에 위치한다. 다르질링 지역을 자동차로 다니면 골든팁스와 나쓰물쓰의 입간판이 지나치게 많이 서 있는 것을 보

나쓰물쓰 매장

게 되는데 아마도 두 상점 간의 경쟁이 치열한 것 같았다.

광장에는 2013년 방문 때는 보지 못한 세련된 카페가 하나 있었는데, '카페 커피 데이'라는 인도에서 가장 유명한 체인점이었다. 인도에서도 요즘 커피가 유행이다. 홍차의 도시 다르질링 타운의 핵심 공간에 위치한 커피 체인이 내 눈에는 약간 어색해 보였다. 들어가보진 못했지만 커피를 마신 일행 중 한 분은 그곳에서 내려다보는 다르질링의 풍광이 매우 아름다웠다고 했다.

다르질링 타운을 중심으로 주변 산들의 기슭에는 꽤 규모 있는 마을들이 곳곳에 산재해 있고, 캄캄한 밤이 되면 그 불빛들이 만들어내는 야경도 나름 운치 있었다.

이틀을 묵었는데, 둘째 날 오후는 일찍이 경험해보지 못한 천둥과 번개가 엄청나게 치고 이 천둥과 번개에는 어울리지 않게 약간의 비가 사소하게 내렸다. 다르질링이라는 이름의 유래 중 하나가 "천둥과 비를 관장하는 인드라 신의 천둥이 휴식하는 곳"이라는 뜻인데 유감없이 그 진가를 보여주었다. 번개가 심하게 치면 일순간 정전이 되며 타운 전체가 어둠 속에 잠긴다. 자주 있는 일인지 일부 대형 가게는 곧바로 자가발전기를 돌려 다시 불을 돋우었다.

_t e a_

제4장

인도
홍차
:아삼

홍 차가 처음 만들어진 곳은 중국임이 분명하지만, 오늘날 우리가 알고, 마시고 있는 홍차는 실제로는 아삼에서 시작되었다고 말하는 것이 더 정확할 것이다. 거의 200년 동안 중국에서만 차를 수입하던 영국은 국내 소비량이 급격히 증가하고 홍차에 대한 의존도가 높아지자, 자신들이 통제할 수 있는 곳에서 자신들의 차를 생산해야 한다는 공감대가 형성되기 시작했다. 이러한 분위기는 불합리한 무역 구조와 아편 무역으로 인한 정치적인 불안정성이 깊어지면서 중국으로부터의 홍차 수입에 대한 불확실성이 커짐에 따라 더욱 강화되기 시작했다.

마침내 이 오랜 꿈이 인도 동북 지역인 아삼에서 이루어지게 된 것이다. 수십 년간의 노력과 시행착오 끝에 1860년경부터 아삼Assam 지역에 맞는 '영국식' 홍차를 본격적으로 생산하기 시작한 이래로 채 30~40년이 지나지 않아 아삼 홍차는 영국이 중국으로부터 수입하고 있던 홍차의 거의 대부분을 대체하게 된다.

이런 신속한 전환은 중국에서와는 다르게 새로 개척한 아삼에서는 대규모 다원에서 대량 생산돼 생산비가 낮아졌다는 데 그 이유가 있다. 또한 중국에서와 같은 복잡한 유통 과정도 없고, 운송 거리도 짧아짐에 따라 영국 국내에서의 판매 가격을 급격하게 낮출 수 있었던 것도 중요한 이유다. 뿐만 아니라 수십만의 중국 가정이 각자의 방법으로 가공한 균일하지 않은 홍차에서 정형화된 가공법을 통해 대량 생산되는 일관성 있는 홍차의 품질 또한 또 다른 이유다.

즉 19세기 후반 급격하게 증가한 영국 노동자들에게는 아삼에서 생산되는 강하고 떫은 아삼 홍차가 우유와 설탕을 넣었을 때 더 맛있다고 여겨진 것이다. 그리하여 아삼의 무덥고 습기 많은 기후에서 잘 자라는 아삼 대엽종 찻잎으로 만든 아삼 홍차는 거의 100년 가까이 전 세계 홍차 시장에서 왕으로 군림하게 된다.

한편 20세기 초반 아프리카 동부에서 생산되기 시작한 또 다른 강한 맛의 케냐 홍차와 오랜 침체기를 극복하고 새로이 홍차 시장에서 과거의 영광을 되찾고자 노력하는 인도네시아, 새로운 강자로 떠오른 베트남, 아르헨티나 등이 생산하는 홍차가 이런 아삼 홍차의 자리를 대신하면서 오늘날 우리가 마시는 티백 제품에는 아삼 홍차 외에도 많은 국가에서 생산된 홍차가 포함되어 있다.

반면 인도인들이 20세기 초반부터 홍차에 향신료와 설탕, 우유를 넣은 '차이'를 국민 음료로 마시게 되면서 현재는 인도에서 생산하는 홍차의 약 85퍼센트는 국내에서 자체적으로 소비된다. 물론 이들 대부분은 CTC 형태로 생산되고 소비된다.

그럼에도 고품질의 아삼은 다르질링, 실론과 함께 여전히 고급 홍차의 한 축을 이루면서 전 세계 홍차 애호가들로부터 사랑받고 있음은 분명하다. 유명 홍차 회사들은 거의 다 '아삼'이라는 이름을 내세운 특유의 블렌딩 홍차를 보유하고 있으며, 수많은 탁월한 단일 다원차도 판매하고 있다.

차이를 만드는 모습

로열 아삼

로네펠트

일반적으로 알려진 것보다는 독일 사람들이 홍차를 많이 마신다. 게다가 고급 홍차, 즉 잎차Loose Leaf Tea를 많이 마신다. 영국인들이 마시는 홍차의 95퍼센트가 티백인 반면 독일인들은 소비량의 60퍼센트 정도가 잎차다.

독일 브랜드인 로네펠트는 1823년에 설립된 전통 있는 회사로 주로 B2B에 중점을 두는 마케팅 전략으로 우리나라에서도 호텔 등에 주로 납품하고 있다.

로네펠트의 화이트 컬렉션 중 하나인 로열 아삼Royal Assam은 작고 부피감 있는 찻잎에 골든 팁이 섞여 있는 아주 단정하고 균일한 모습이다. 보고 있으면 기분이 좋아지는 찻잎이다. 수색은 아주 깔끔하고도 투명한 적색을 띤다. 향은 아삼 특유의 몰트 향이 올라오지만 한 번 정도 걸러서 올라오는 듯 아주 강하지는 않고 깨끗한 느낌을 준다.

맛 또한 깔끔하다. 적당한 강도로 힘이 느껴지는 바디감이 있으면서도 떫은맛은 전혀 없다. 일반적으로 아삼 홍차에서 느껴지는 다소 거친 복합적인 맛은 전혀 느낄 수 없고, 그야말로 잡미 하나 없는 우아하고도 단순한 맛이다.

이런 맛과 향은 보통 아주 훌륭한 아삼 단일 다원 홍차에서 느낄 수 있는 것인데 블렌딩 아삼으로는 드물게 로열 아삼이 이런 특징을 보여준다. 마실 때마다 느껴진다.

엽저는 골고루 산화가 잘된 브로큰 등급의 고른 상태를 보여준다. 이 홍차는 뭔가 전체적으로 잘 정돈된 느낌을 주는 것이 특징이다. 다만 아삼 홍차에서 느껴지는 무겁고 거친 맛을 기대한 분들에게는 실망감도 줄지도 모른다. 너무 단정해서 좀 여려 보이는 신사의 느낌이랄까!

로열 아삼

패키지에 표시된 등급은 골든 플라워리 브로큰 오렌지 페코GFBOP로 브로큰 등급으로는 아주 드물게 싹을 많이 포함하고 있다. 그리고 여름Summer이라고 표시된 것처럼 세컨드 플러시로 만들었다. 다르질링만큼 뚜렷한 차이가 있는 것은 아니지만 아삼에도 퍼스트 플러시와 세컨드 플러시의 구분이 있고 일반적으로 세컨드 플러시가 품질이 더 좋은 것으로 여겨진다.

'힘 있는' 아삼이 아닌 '우아한' 아삼을 느끼고 싶은 분들에게 권한다.

INFORMATION

중량	100g
가격	12.8유로
구입 방법	www.tee-kontor.net(직구 가능)
우리는 방법	400ml / 2.5g / 3분 / 펄펄 끓인 물

아삼 슈퍼브 vs.
아삼 티피 골든 플라워리 오렌지 페코

포트넘앤메이슨

오늘날 홍차 세계에서 아삼의 역할은 어떤 실질적인 의미보다는 역사성과 상징성을 더 많이 가지고 있는지도 모른다.

1860년대부터 본격적으로 생산되기 시작해 1890년을 넘어가면서 아삼 홍차는 중국 홍차를 거의 완전히 대체한다. 작은 찻잎으로 분쇄되어, 뜨거운 물만 부으면 빠르고 강하게 우러나와 우유와 설탕을 넣어 맛있게 마시는 노동자 계급의 홍차로 그 절정기를 맞이한다. 처음으로 유럽의 서민들이 마음껏 홍차를 마실 수 있게 된 것이 바로 아삼 홍차 (그리고 거의 같은 시기에 생산되기 시작한 스리랑카 홍차) 때문이다. 그러하기에 아삼은 중국으로부터의 홍차 독립을 상징하기도 했다. 하지만 현재 아삼의 역할은 우리가 알고 있는 것과는 달리 매우 축소되었다. 전 세계 홍차의 90퍼센트 이상이 티백 형태로 소비되는 상황에서 영국에서 판매되는 티백에는 주로 케냐를 중심으로 아프리카에서 생산된 홍차가, 미국에서 판매되는 티백에는 주로 아르헨티나에서 생산된 홍차가 들어가 있다. 그 외에도 인도네시아, 베트남 등에서 생산되는 홍차가 과거의 아삼 홍차 역할을 대신하고 있다.

하지만 아삼 홍차는 아삼 홍차만의 맛과 향으로 고급 홍차 세계의 한 영역을 여전히 장악하고 있다. 세계의 수많은 명품 블렌딩 제품에는 여전히 아삼 홍차가 맛과 향의 중심을 잡아주는 베이스 홍차 역할을 하는 것이다.

영국 홍차에서 차지하는 아삼의 상징성 때문인지 포트넘앤메이슨은 오래전부터 아삼 슈퍼브SUPERB, 아삼 티피 골든 플라워리 오렌지 페코 TGFOP 이렇게 두 종류의 블렌딩 제품을 판매하고 있다.

아삼 슈퍼브 vs.
아삼 티피
골든 플라워리
오렌지 페코

아삼 슈퍼브는 아주 균일하고 예쁜 전형적인 브로큰 등급이다. 그야말로 브로큰 등급 찻잎의 전형이라고 말하고 싶다. 그리고 싹도 꽤 보인다.

아삼 TGFOP는 등급에서 기대하는 것보다는 싹이 조금 적다고 생각된다. 찻잎의 색상은 둘 다 짙은 갈색이나 TGFOP가 조금 더 밝은 듯도 하다.

수색은 둘 다 매우 아름다운 표준적인 아삼의 '적색'이다. 맑은 느낌보다는 부드럽다는 감흥을 준다. 슈퍼브가 조금 더 짙기는 하다. 몰트 향보다는 오히려 익숙한 듯한 마른 과일 향이 올라온다. 맛에서도 몰트 향보다는 과일 향이 더 나고 불행하게도(?) 둘 다 떫은맛이 느껴지지 않는다. 둘 다 바디감이 있지만 TGFOP가 조금 더 가볍다. 조금 식어가니 TGFOP가 더 부드럽게 느껴지며 과일 향도 조금 더 난다. 슈퍼브는 이제야 수렴성이 느껴지기 시작한다. 맛을 표현하면서 향이 난다고 하니 이상하지만 사실 맛과 향은 독립적인 것이 아니다. '맛은 혀로, 향은 코로'라고 정확히 구분할 수는 없다. 마시면서도 당연히 향을 알 수 있다.

엽저는 둘 다 아주 균일한 짙은 갈색으로 산화가 충분히 잘된 것을 알수 있다. 둘 다 힘은 있지만 거친 맛은 전혀 없고 오히려 섬세함이 드러난다.

아삼 홍차에 부드럽고 섬세하다는 표현이 어울리지는 않지만, 이것 또한 선입견일 수 있다. 분명 필자가 지금 마시는 슈퍼브와 TGFOP는 아삼 홍차임에도 섬세하고 부드럽다. 『홍차수업』을 보면 "둘 모두 일반적으로 아삼에서 기대하는 강함보다는 원숙함이 더 느껴진다"라는 표현이 있다. 표현상의 차이는 있지만 4년 전이나 지금이나 TGFOP와 슈퍼브에서 필자가 느끼는 것이 크게 다르지 않은 것 같다. 둘 다 좋은 아삼이다.

INFORMATION

중량	아삼 슈퍼브 125g
	아삼 티피 골든 플라워리 오렌지 페코 125g
가격	아삼 슈퍼브 9.95파운드
	아삼 티피 골든 플라워리 오렌지 페코 12.5파운드
구입 방법	www.fortnumandmason.com(직구 가능)
우리는 방법	400ml / 2.5g / 3분 / 펄펄 끓인 물

누말리거 다원FTGFOP1
마리아주 프레르

아삼 홍차는 아삼 주 한가운데를 흘러가는 브라마푸트라 강 유역을 따라 집중적으로 생산된다. 아삼 주의 차 재배 지역은 크게 네 곳으로 구분되는데 강북 지역을 노스 뱅크North Bank, 중국과 미얀마 국경에 가까운 지역을 위 아삼Upper Assam, 브라마푸트라 강 중류 지역 주변을 중앙 아삼Central Assam, 아삼의 서쪽 지역을 아래 아삼Lower Assam이라 부른다.

아삼 주를 관통하면서 그 유역에서 아삼 홍차를 키워내는 홍차의 강 브라마푸트라. 필자는 2013년 아삼을 방문했을 때 이 강을 보지 못한 것이 못내 아쉬웠는데 2016년 방문 때는 마음껏 볼 수 있었다. 브라마푸트라 강은 저 멀리 티베트에서 발원하여 히말라야 산맥을 빙 돌아 아삼 주의 동북쪽에서 서남쪽으로 흘러 마지막에는 갠지스 강과 합해져 벵골 만으로 흘러드는 아주 큰 강이다.

브라마푸트라Brahmaputra의 푸트라Putra는 아들이라는 뜻으로 힌두교의

브라마푸트라 강

창조신이자 최고신인 브라마의 아들이라는 뜻이다. 인도에서는 강이 보통 여신으로 간주되는데 유일한 '남자' 강이기도 하다. 세계에서 가장 비가 많이 오는 아삼의 우기에 무섭게 변하는 강의 규모 때문인 것 같기도 하다.

브라마푸트라 강은 강폭이 넓고 하중도河中島가 많은 것으로도 유명하며, 마줄리라는 섬은 세계에서 가장 큰 하중도로 알려져 있다. 실제 강폭은 어마어마하게 넓었다. 구와하티Guahati에서 유람선상의 저녁식사를 했는데, 강 건너편의 불빛이 아득히 멀어 보였다. 테즈포르Tezpore 지역에서 강을 건널 때도 정말 바다 같은 강에 하중도가 곳곳에 있었다. 물론 아삼 특유의 엄청난 여름비가 오면 이 하중도 중 일부는 물에 잠기기도 할 것이다.

누말리거 다원

아삼의 훌륭한 홍차 산지는 모두 다 이 강의 유역에 산재해 있다. 그리고 다원 개척 초기부터 아삼 깊숙이 위 아삼 지역에서 생산된 홍차는 이 강을 따라 바다로 옮겨져서 영국으로 실려 갔다. 그리고 그 머나먼 곳의 다원을 개척하기 위해 필요했던 수많은 인도 노동자가 벵골 지역에서부터 이 강을 거슬러 올라가 고통과 절망의 삶 속으로 들어가기도 했다.

과거에도 지금도 아삼(과거의 아삼은 현재 아삼 주를 포함한 7개 주로 분리되었다) 전체의 관문 역할을 하는 구와하티에서 자동차를 타고 브라마푸트라 강 남안을 동쪽으로 4시간 이상 달리면 나오는 곳이 중앙 아삼의 차 생산지 중 하나인 골라가트Golaghat 지역이다. 두 번 모두 이곳에 숙소를 정했다. 이 지역의 대표 다원 중 하나가 누말리거Numalighur 다원이다. 다원을 방문하지는 못했지만 이동 중에 누말리거 다원의 이정표를 보고는 매우 아쉬워했던 기억이 난다.

마치 우리나라의 절간처럼 소박하고 간결한 아삼의 민가

누말리거라는 다원 이름은 매우 슬픈 유래를 지니고 있다. 아삼 지역을 지배했던 아홈Ahom 왕조 시절 또 다른 세력 카차리Kachari 왕조가 있었다. 전쟁 중에 아홈의 왕이 카차리 왕의 공주 누말리Numali를 포로로 잡았다. 아홈 왕은 정복한 땅에 성ghur을 짓고는 그곳에서 공주와 한동안 같이 살았지만 결국 공주를 버리고 자기 나라로 돌아가버렸다. 버림받은 것에 상심하던 누말리 공주는 강에 몸을 던져 자결했다. 누말리거는 '누말리 공주의 성'이란 뜻이다.

틴의 뚜껑을 열면 미묘한 꽃 향이 기분 좋게 퍼진다. 짙은 갈색의 찻잎에 노란색에 가까운 황금색 싹이 적당히 섞여 있다. 이전에 구입한 동일한 누말리거 다원차보다는 골든 팁이 조금 적다는 느낌이다. 너무나 아름다운 전형적인 아삼 홍차의 적색이다. 향에서는 아주 싱그럽고 달콤한 몰트 향이 올라온다. 하나의 굵은 몰트 향이 아니라 새끼줄처럼 여러 개의 몰트 향이 뒤섞여, 복합적인 향을 만드는 듯하다. 맛은 다소 가벼운 느낌이다. 바디감 또한 아삼 홍차치고는 다소 가벼운 듯하다. 하지만 찻물을 입안에 머금었을 때 입 전체에 퍼지는 꽃 향은 아삼 홍차에서는 매우 드문 경우다. 같은 회사에서 판매하는, 같은 다원의, 같은 등급의 홍차라도

맛과 향이 다를 수 있다. 『홍차수업』에 쓴 시음기와 비교하면 동일한 것
도 있지만 다소 차이점도 있다. 이게 다원차의 매력이기도 하다. 이전과는
다른 각도에서 여전히 매우 만족스러운 다원차임은 분명하다. 아삼 다원
차의 진수를 꼭 한 번 경험해보기를 바란다.

INFORMATION

중량	100g
가격	20유로
구입 방법	www.mariagefreres.com (직구 가능)
우리는 방법	400ml / 2.5g / 3분 / 펄펄 끓인 물

골든 잠구리 다원 SFTGFOP1

마리아주 프레르

유럽과 미국에서는 홍차가 결코 비싼 음료
가 아니다. 최고 브랜드라고 알려진 홍차라도 잎차 100그램에 현지 가격
으로 2만 원 전후다. 물론 다원차는 조금 더 비쌀 수 있다. 예외적으로 비
싼 것이 다르질링 다원 홍차, 그중에서도 퍼스트 플러시다. 생산량에 비
해 수요가 많다보니 그럴 수 있다.

아삼 홍차는 결코 비싼 홍차가 아니다. 다원차도 마찬가지다. 마리아주
프레르가 판매하고 있는 15개 남짓의 아삼 다원차도 대개 10유로에서 20
유로 사이다. 그런데 아주 특이하게도 골든 잠구리는 70유로다. 아삼 홍
차에서는 거의 보기 힘든 가격이다. 마리아주 프레르 홈페이지의 아삼 카
테고리에는 같은 잠구리 다원의 홍차가 7유로에 판매되는 것도 있다. 도
대체 어떻게 하면 같은 다원의 홍차가 10배의 가격 차이가 날 수 있을까?

골든 잠구리 Golden Jamguri SFTGFOP1에서 보듯 '골든'이라는 단어가 붙
어 있고 등급 또한 아삼 홍차치고는 예외적으로 높아 비싼 가격을 어느

정도는 합리화하고 있다. 당연히 홈페이지에는 마리아주 프레르의 주문 생산품이어서 딴 곳에서는 구할 수 없는 귀한 제품이라고 되어 있다.

찻잎이 전체적으로 아주 크고 튼실하다. 기골이 장대하다는 느낌이다. 그리고 절반 이상이 골든 팁으로 이루어져 있다. 골든 팁 이외의 찻잎도 회색에 가까워 찻잎 전체의 색이 밝은 편이다. 찻잎 하나하나의 유념이 잘된 것 같다. 거의 다 진정한 의미의 홀리프이고 부서진 찻잎은 보이지 않는다. 수색은 조금 짙은 호박색, 결코 아삼 홍차의 적색은 아니다. 수색이 매우 부드럽다. 수색만으로는 아삼 홍차임을 알기가 어렵다.

부드럽고 달콤한 몰트 향이 올라온다. 이 차를 마시는 지금 얼굴에 웃음이 퍼진다. 몰트 향에 꿀 향이 섞여 있는 듯한 느낌이다. 혹은 달콤한 과일 향이 섞인 것 같기도 하다. 정말 몰트 향의 진수 그리고 귀족적인 몰트 향이라고 말하고 싶다. 바디감은 상당하지만 바디감 또한 부드러운 느낌이다. 맛도 향과 똑같다. 맛에서도 아주 강한 몰트 향, 달콤한 몰트 향이 느껴진다. 약간 식어가면서 구수한 맛도 있다. 마치 어머니가 지어주신 맛있는 하얀 쌀밥을 먹고 난 뒤, 이어서 나오는 숭늉에서 나는 듯한 달콤하고 구수한 맛이다. 워낙 싹도 많고 찻잎도 커서 4분을 우렸다. 필자는

인도 홍차:
아삼

이동 중 들른 유원지에서 만난 아삼의 어린이들. 대부분 맨발이었다.

현지식으로 먹은 점심

시음할 때 거의 모든 차를 3분 정도 우리는데 이 차는 4분을 우렸음에도 떫은맛이 전혀 없다.

당연하지만 엽저에서도 거의 절반이 싹이다. 마치 백호은침을 우린 뒤의 엽저처럼 싹의 모습을 그대로 가지고 있다. 다만 색상은 전체적으로 아주 부드러운 살색 계열이다. 엽저가 너무 정갈하여 유념을 어떻게 했는지 궁금해진다.

굳이 단점을 말한다면 전체적으로 너무 부드럽다는 느낌이다. 부드러워서 좋으면서도 뭔가 골격이 없어 좀 허전한 느낌이다. 하지만 골든 잠구리는 가격이 비싸더라도 한 번쯤 맛볼 만한 가치가 있다고 생각된다. 매우 특이한 아삼 홍차다.

잠구리 다원 또한 앞의 누말리거 다원처럼 골라가트 지역에 위치한다. 누말리거 다원보다는 조금 더 동남쪽에 있다. 이 다원을 소개한 자료에는 작은 언덕들이 굽이쳐 있는 고지대라고 되어 있어 아삼에서는 비교적 고지대에 위치하는 것 같다. 자문jamun은 현지어로 대추야자처럼 생긴 어두운 자주색의 과일을 지칭하며 구리guri는 장소를 뜻하므로 잠구리는 '자문이 자라는 곳'이라는 뜻이다.

중량	100g
가격	70유로
구입 방법	www.mariagefreres.com(직구 가능)
우리는 방법	400ml / 3.0g / 4분 / 펄펄 끓인 물

아삼 디콤 다원 DIKOM TGFOP

해러즈

아삼의 생산지 네 곳 가운데 일반적으로 위 아삼과 중앙 아삼에서 생산되는 홍차들이 품질이 좋은 것으로 알려져 있다. 위 아삼의 중심 도시는 틴수키아 Tinsukia, 디브루가 Dibrugarh이며 중앙 아삼의 중심 도시는 골라가트 Golagat, 조르하트 Jorhat, 시브사가르 Sibsagar 등이다.

2013년 첫 번째 아삼 방문 때는 골라가트 지역, 그리고 2016년 두 번째 방문 때는 조르하트 지역까지 갔다. 골라가트 지역에서 조르하트 지역으로 갈수록 주위에 다원이 점점 더 많이 보였다. 조르하트에서 위 아삼으로 가면서는 어떤 풍경이 펼쳐질지 궁금했다.

인도는 넓고, 도로 사정이 좋지 않아 차로 이동하는 시간이 엄청나다. 현실적으로 구와하티에서 위 아삼까지는 만약 차로 간다면 15시간은 족히 걸릴 아주 먼 거리다.

하지만 2016년 방문했을 당시 아삼에서의 경험이 우연한 것이 아니라

테즈포르 지역으로 가는 길의 풍경

평온한 풍경에서 많은 위안을 얻었다.

면 이 15시간이 길게 느껴지지 않을 수도 있다.

구와하티에서 강북의 테즈포르에 있는 다원을 방문하기 위해 아침 일찍 출발했다. 처음 얼마간은 우리나라의 고속도로와 비슷한 느낌의 길을 달렸다. 곧 국도로 접어들었다. 목적지인 다원까지 가는 3시간 정도는 너무나 평온하고 아름답고 위안이 되는 시간이었다.

가끔씩은 읍내 같은 곳을 지나면서 복잡하기는 했지만 대부분은 우리나라 시골 국도를 달리는 듯한 분위기였다.

하지만 그곳이 주는 느낌은 전혀 달랐다. 길가의 집들도, 사람들도 너무나 평온해 보였다. 그리고 승용차 안에서 보는 그들의 일상은 마치 우리가 아는 일상을 초월한 것 같았다. 비온 뒤의 투명하고 부드러운 바람 탓도 있었을 것이다. 무엇보다도 가로수가 인상적이었다. 대부분 수령을 가늠할 수 없는 큰 나무들이었다. 아주 크고 아름답고 웅장하기도 했고, 길 이쪽에 심은 나무의 가지가 반대편까지 덮을 정도로 컸다. 이런 모습은 이국적이기도 하고 한편으로는 이 세상이 아닌 듯한 느낌을 줬다.

뉴델리를 포함해 인도의 도시들이 주는 번잡함과 지저분함과는 너무나 다른 풍광이었다. 인도를 사랑하는 사람들은 인도의 이런 모습에 반하는지도 모르겠다.

3시간 남짓 마치 꿈속을 여행하는 듯한 몽환적인 느낌을 받았다. 그리고 불현듯, "이런 곳에서는 살 수 있겠다. 그냥 어떤 운명이 주어진다면 모든 것을 접고 살 수도 있겠다"라는 약간은 두렵기도 한 유혹을 느꼈다.

어쨌거나 아삼을 다시 방문하게 될 거라는 것은 분명하고 그렇다면 다음에는 더 깊숙이 아삼 홍차의 핵심 지역인 위 아삼까지 가보고 싶다. 그때는 시간을 내 이런 아름다운 마을에서 하루쯤 머물면서 그들의 일상을 함께 느껴보고 싶다.

위 아삼의 주요 산지 중 하나인 디브루가에 위치한 디콤 다원은 정통 홍차로 유명하다.

아삼의 홍차 생산량은 약 60만 톤 전후에 이르지만 85~90퍼센트가 CTC 가공법으로 생산된다. 실제로 아삼에서 방문한 다원의 티 팩토리는 대부분 CTC 설비만을 갖추고 있다. 가끔 정통 홍차 생산 설비도 갖춘 곳이 있는데, 이런 경우를 듀얼 매뉴팩처Dual Manufacture라 부른다. 두 가지 설비를 다 갖추고 있는 경우에는 시장 수요와 수확한 찻잎의 품질에 따라 어느 것을 생산할지를 결정한다.

CTC 홍차는 비록 가격은 낮지만 비교적 안정적인 시장이 형성되어 있고, 정통법으로 만든 홍차는 수요가 안정적이지 않아 규모가 크거나 재정이 튼튼한 다원만이 생산할 수 있다.

TGFOP급의 찻잎은 비교적 균일하고 등급이 아깝지 않을 정도로 골든 팁이 많아 보인다. 찻잎의 색상은 노란색을 띤 짙은 갈색이라고 말하는 것이 맞을 것 같다. 적색을 띤, 짙지만 맑은 전형적인 아삼 홍차의 수색이다. 달콤한 몰트 향이 아주 기분 좋게 올라온다.

우린 차를 서빙 티포트에 옮길 때부터 피어오르기 시작한 향은 차를 다 마실 때까지 테이블 주위를 계속 맴돌고 있다. 너무 과하지도 부족하지도 않은 적당한 강도의 몰트 향이다. 약간 뜨거울 때는 바디감이 적당하다는 느낌이었는데, 온도가 살짝 내려가니 바디감이 상당히 느껴진다. 바디감에 힘이 있다. 어쩔 수 없는 아삼의 특징이다.

맛을 표현하는 것은 쉽지는 않지만 적어도 이런 아삼을 마실 때 "감미롭다" "섬세하다" 이런 표현은 적당하지 않은 것 같다. 하지만 "거칠다"는 표현도 어울리지 않기는 마찬가지다. 식은 엽저에서는 여전히 달콤함이

(위) 아삼의 위조 설비는 규모가 매우 크다. 어떤 규모로 위조하느냐가
곧 이 공장의 생산량을 결정짓기 때문이다.

(아래) CTC의 마지막 글자 C에 해당하는 둥글게 뭉치기curl의 단계다.
분쇄된 찻잎은 이 둥근 원통에서 회전하면서 과립 형태로 뭉쳐진다.

느껴진다. 얇은 접시의 차가운 물에 담긴 엽저의 색은 옅은 적색으로 전체적으로 균일하다.

좋은 아삼 홍차다.

중량	125g
가격	15파운드
구입 방법	www.harrods.com (직구 가능)
우리는 방법	400ml / 2.5g / 3분 / 펄펄 끓인 물

PRODUCT 16

두무르 둘롱 다원

해러즈

중앙 아삼 지역은 강을 따라 비교적 길게 형성된 홍차 생산지이며 골라가트에서 조르하트를 지나 시브사가르 지역까지 이른다. 이 시브사가르와 조르하트는 아삼 홍차의 초기 역사와 밀접한 관련이 있다. 1823년 로버트 브루스가 아삼종 차나무를 발견한 곳도, 2년 후 동생 찰스 브루스가 이곳에 살던 싱포Singpho족으로부터 차 씨앗을 얻어 시험 재배해본 곳도 이 시브사가르 지역이기 때문이다. 두무르 둘롱 다원은 이 시브사가르의 대표 다원이다. 그리고 조르하트는 영국이 아삼을 병합하기 전까지 13세기부터 이곳을 지배해온 아홈 왕조의 마지막 수도다. 이 아홈 왕조의 마지막 수도인 조르하트에 인도 최대의 차 연구소가 설립된 것은 어쩌면 역사의 필연인지도 모른다.(어떤 자료에는 시브사가르가 마지막 수도라고 되어 있기도 하다. 왕국이 몰락하는 혼란기였으니 보는 관점에 따라 마지막 수도가 다를 수도 있다는 생각이 든다.)

조르하트에 있는 토클라이 차 연구소Tocklai Tea Research Institute는 인도 최

대의 차 연구소로 1911년에 세워졌다. 그 시간이 주는 연륜과 아름다움
이 연구소의 모습에 그대로 드러나고 있었다.

옛날식 건물이지만 깔끔하게 정돈되어 있고, 더운 지방에서 볼 수 있는
아주 울창한 나무들이 연구소 곳곳에서 자라고 있었다. 소설 등에 많이
나오는 표현인 "식민지 풍의 건물"이라는 것이 이런 건물을 말하는 것이
아닐까 하는 상상도 해봤다.

필자 일행이 2016년에 방문했을 때 인도 차 현황에 대한 브리핑도 해주
고 질의응답 시간도 가졌다. 우리 일행이 이곳을 방문한 세 번째 한국인
이라고 했다.

건물 내 게시판 곳곳에는 차나무 혹은 차의 화학적 성분 등을 분석한
데이터가 전시되어 있었고 품종 개량에 관한 아주 많은 자료와 다양한
크기와 형태의 찻잎 사진들도 전시되어 있었다. 이 분야에 관심이 많은
연구자라면 한 번쯤 들러볼 만한 곳이라는 생각이 들었다.

1949년에 연구소가 TV1Toklai Vegetative이라고 명명된 클론Clone종을 처

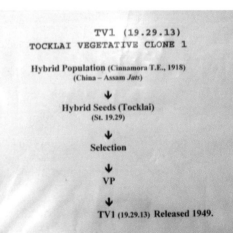

토클라이 차 연구소

1949년 최초로 만든 클론종인
TV1의 어미나무

연구소의 모델 티 팩토리

음으로 만들었는데, 이 TV1 클론종의 어미나무는 여전히 잘 자라고 있었다. 이 어미나무는 아삼종과 중국종의 교배종이라고 설명되어 있었다. 연구소는 TV1 클론종 이후에도 수많은 클론종을 개발해 아삼의 차 업계에 배포해오고 있다.

연구소의 모델 디 팩토리Model Tea Factory에는 아삼의 연구소답게 CTC 설비를 갖추어놓고 다양한 연구도 하고 있었다.

아삼어로 "어부의 다리Fisherman's bridge"라는 뜻을 지닌 두무르 둘룽 다원은 아삼에서의 홍차 사업을 위해 1839년 설립된 아삼 컴퍼니가 현재까지 소유하고 있는 170여 년의 긴 역사를 가진 다원이다. 아삼 컴퍼니는 이를 포함하여 약 20개 정도의 다원을 여전히 아삼 지역에서 소유하고 있다.

황금색 골든 팁이 상당히 많이 포함된 짙은 갈색의 균일하고 아름다운 찻잎이다. 틴 내부의 검은색 표면에는 황금색 솜털이 촘촘히 붙어 있는 것이 굉장한 기대감을 준다. 수색은 다원차로서는 드물게 매우 짙은 적색이다. 향에서는 특징적인 것이 없다. 몰트 향도 거의 느껴지지 않는다. 맛에서도 특징적인 것이 없다. 수색에서 받은 느낌과는 달리 바디감도 그렇게 강하지도 않다. 하지만 강도는 분명히 있다. 뒷맛Aftertaste에 꼭 나쁘다고는 할 수 없지만 약간 쓴맛이 느껴지기도 한다. 다소 이상한 시음기이지만 그냥 매력 없는 평이한 홍차라는 느낌이다. 그럼에도 굳이 몇 개 되지 않는 아삼 홍차에 두무르 둘룽 다원을 포함시킨 이유는 필자의 배신감 때문이기도 하고 혹은 여전히 기대감이 남아 있기 때문이기도 하다.

해러즈 제품 목록 중에는 검은색 외관의 정육면체 틴에 판매하는 다소 고가의 시리즈가 있는데 그중 하나가 두무르 둘롱 다원이었다. 틴도 고급스럽고 다원의 전통도 화려해서 다른 아삼 다원차에 비해 거의 2배의 돈을 주고 구입했다. 찻잎이 주는 외관도 기대감을 주기에 충분했다. 그러나 거기까지였다. 맛과 향은 처음 마셨을 때부터 지금까지 위의 시음기와 동일했다. 혹시나 해서 방문하는 홍차 애호가들에게 평가를 부탁했지만 반응은 필자와 다를 바 없었다. 2016년 7월 현재 두무르 둘롱 다원차는 판매하고 있지 않다. 필자가 구입할 당시의 제품에 문제가 있었기를 바라며 새로 판매하면 다시 구입해서 맛볼 예정이다.

INFORMATION

중량	125g
가격	약 30파운드
구입 방법	www.harrods.com(직구 가능)
우리는 방법	400ml / 2.5g / 3분 / 펄펄 끓인 물

골드러시 다원
해러즈

해러즈 제품 중 금색의 화려한 틴에 단일 다원차만 판매하는 시리즈가 있다. 비교적 품질이 좋아 대부분 구입했다. 하지만 아삼의 골드러시 다원은 지난 5년간 꾸준히 판매 목록에 있었음에도 구입하지 않았었다. 물론 갖고 있는 아삼 다원차가 많기도 했지만 '골드러시'라는 다원에 대한 정보를 확인하지 못한 것이 가장 큰 이유였다. 대부분의 다원은 이런저런 자료에서 확인할 수 있는데 골드러시는 아삼의 어느 지역인지 어떤 역사를 가진 다원인지를 알 수 없었고 여전히 확인하지 못했다.

어쨌든 구입했고 틴을 여는 순간 뭔가 잘못되거나 오염된 차인 줄 알 정도로 강한 향이 올라왔다. 거의 가향 수준이었다. '사과' 향이었다. 아삼 홍차에서는 익숙하지 않은 향이었다.

오염 여부를 확인하기 위해 다른 시점에 이 차를 구입한 분의 제품과 비교하니 같은 향이 올라왔다. 잘못된 차는 아니었다.

사과 향이지만 뭔가 다른 것이 함께 섞여 있는 향인데 마침내 생각해 낸 것은 어린 시절 기억 속에 있는 '사과박스' 향이었다. 필자가 어릴 때는 사과박스 속의 사과를 보호하기 위한 완충제로서 지금 많이 쓰는 스티로폼 대신에 왕겨를 사용했다. 왕겨는 벼의 겉껍질로 옛날에는 베갯속에도 넣고 땔감으로도 사용한 것인데 과일박스 속의 완충제로 많이 사용했다. 왕겨와 사과가 같이 들어 있는 그 박스를 열면 나는 (혹은 났다고 기억하는) 바로 '그 향'이 아삼 골드러시에서 나는 향이었다. 아삼의 대표 격인 몰트 향은 전혀 나지 않는다. 조금 특이한 경우라 이 책에 포함시킬 생각은 없었다. 그런데 먼저 작성해놓은 포트넘앤메이슨의 아삼 슈퍼브, 아삼 티피 골든 플라워리 오렌지 페코의 시음기를 다시 읽는 중에 다음과 같은 문장이 눈에 들어왔다.

"몰트 향보다는 오히려 익숙한 듯한 마른 과일 같은 향이 올라온다. 맛에서도 몰트 향보다는 과일 향이 더 나고."

어쩌면 이 사과박스 향이 골드러시만의 예외적인 것이 아닐 수 있다는 생각이 들었다. 아삼 홍차에서 반드시 몰트 향만 나는 것은 아닐 것이다. 이런 향도 숨어 있을 것이고 골드러시 다원차에서는 유달리 많이 발현된 것이 아닐까라는 생각에 이 책에 포함시키기로 했다.

와인이나 홍차에서 나는 향을 어떤 향이라고 특징지어 말하기는 하지만 어떻게 보면 "어떤 향과 비슷한" 혹은 "어떤 향과 느낌이 비슷한"이라는 표현이 더 적합할 수도 있다.

허브 편에 있는 그린필드의 '캐모마일 메도'에도 사과 향이라고 흔히 표현할 수 있는 향이 나지만 딱히 사과 향만이 아닌 '어떤 향'도 함께 들어 있다.

그리고 향이야말로 개인의 기억에 의해 좌우되는 경우가 많은 극히 주관적인 감각이다. 골드러시의 사과박스 향도 어쩌면 극히 주관적인 필자의 느낌일 수 있다. 맛과 향을 탐구하는 홍차 애호가 여러분도 함께 고민해주시기 바란다.

찻잎은 균일하며 골든 팁이 매우 많이 포함되어 GFOP라는 등급이 겸손해 보인다. 틴 뚜껑을 열면 그야말로 건조한 사과박스 향이 강렬히 올라온다. 수색은 아주 짙은 적색이나 매우 투명하여 잔의 바닥이 보인다. 멋진 수색이다!

우린 차에서도 마른 찻잎보다는 달콤함이 덜하지만 예의 사과박스 향이 그대로 올라온다. 엽저에서는 여전히 달콤함이 있는 향이 올라온다. 바디감은 있는 편이다. 한 모금 마시면 비로소 입안에 느껴지는 차 맛에서 아삼 홍차 특유의 익숙한 거칢과 몰트 향이 느껴진다. 마른 찻잎에서는 거의 나타나지 않았던 몰트 향이 마시면서는 느껴지는 것이다. 사과박스 향도 여전히 입안에서 강하게 느껴진다. 몰트 향과 사과박스 향이 묘하게 섞인, 약간 쓴 듯한 느낌의 기분 나쁘지 않은 맛이 후미에 길게 남는다.

아삼 홍차의 맛과 향에 관심이 많은 애호가들은 한 번쯤 경험해볼 만한 독특한 다원차다.

INFORMATION

중량	125g
가격	13파운드
구입 방법	www.harrods.com(직구 가능)
우리는 방법	400ml / 2.5g / 3분 / 펄펄 끓인 물

닐기리로의 여행

쉬어가기

역삼각형처럼 생긴 인도의 남쪽 끝에는 왼쪽 해안가를 따라 길게 위치한 케랄라Kerala 주와 오른쪽 남쪽 끝 대부분을 차지한 타밀나두Tamil Nadu 주가 차지하고 있다. 우리가 닐기리라고 알고 있는 지역은 타밀나두 주에 속하면서 케랄라 주와 경계를 이루고 있는 곳에 위치한다.

블루 마운틴이라는 뜻을 가진 닐기리 지역은 서고트 산맥Western Ghats의 한 부분으로 대체로 고원지대이며 울창한 숲과 작은 강, 수많은 야생동물로 유명하며, 인도의 차 산지 중 풍광이 가장 아름다운 곳이기도 하다.

닐기리는 우다가만달람Udhagamandalam, 쿠누르Coonor, 코타기리Kothagiri, 쿤다Kundah 등 소지역들로 이루어져 있으며 중심 도시인 우다가만달람은 우타가문드Ootacamund 혹은 우티Ooty라고도 불리는데, 다르질링처럼 처음에는 인도 남부에 주둔한 영국 군인들의 휴양지였다. 다르질링과 마찬가지로 비슷한 시기에 이 지역들을 중심으로 수많은 다원이 만들어지기 시작했으며 오늘날 우리가 알고 있는 유명한 다원이 모두 다 이 지역에 위치한다.

일반적으로 닐기리라고 알려진 인도 남부의 차 생산지는 실제로 닐기리뿐만 아니라 더 남쪽 지역에 있는 무나르Munnar와 트라반코어Travancore를 포함해 세 지역으로 구성되어 있다. 대부분 CTC로 생산되며 인도에서

멀리 이어지는 산등성이가 보일 정도로 높은 곳에 다원이 위치한다.

는 유일하게 연중 생산이 가능하다. 이 세 지역에서 생산되는 홍차는 약 25만 톤 규모의 엄청난 양으로 인도 총생산량의 25퍼센트 전후를 차지한다. 닐기리에서 생산되는 양이 인도 남부 물량의 70퍼센트 정도를 차지하고 이 중 절반 정도는 유럽과 러시아 등으로 수출된다. 나머지 지역은 워낙 존재감이 없다보니 대부분이 인도의 국민 음료인 차이를 위한 블렌딩용으로 국내에서 소비된다.

닐기리 홍차는 아이스티용으로 좋다고 알려져 있는데, 아이스티로 만들었을 때 실제로 아삼 홍차에는 확연히 나타나는 백탁 현상이 거의 나타나지 않으며 생생하고 깔끔하고 안정적인 수색이 오히려 청량감을 더해준다. 맛도 좋다.

대부분은 CTC로 생산되지만 소량으로 생산되는 정통 홍차의 맛과 향은 정말 탁월하다. 특히 상대적으로 서늘한 시기인 12~3월 사이에 생산

닐기리 지역은 인도 차 산지 중에서도 가장 아름다운 곳으로 알려져 있다.

되는 차가 가장 품질이 좋은 시즈널 퀄리티로 알려져 있으며 이 시기의 고지대는 실제로 가끔씩 서리도 내려 이때 생산된 차를 서리 차Frost Tea라고 부르기도 한다.

닐기리 홍차의 맛과 향의 특징은 크게 두 가지로 나눌 수 있는데 하나는 약간은 거친 듯하면서도 떫은맛이 없는 담백한 맛과 향이다. 좋게 말하면 무난함이고 반대로 두드러지는 매력이 없다고 느낄 수도 있다.

하지만 좋은 닐기리의 경우는 과일 향, 꽃 향을 가지고 신선함까지 더해 아주 좋은 다르질링 FF보다도 푸르름이 훨씬 더하다.

필자가 지금까지 경험한 최고의 홍차 중에는 닐기리의 하부칼 다원과 글렌달레 다원의 홍차도 들어 있다. 이 두 제품의 시음기는 『홍차수업』에 자세히 나와 있다. 그런데 불행하게도 그 이후 이 다원들의 차를 새롭게 구하지 못했다. 그리고 구입한 다른 다원차들은 매우 실망스러웠다.

크라이그모어Craigmore, 카이르베타Kairbetta, 코라쿤다Korakundah, 논서치Nonsuch, 하부칼Havukal, 타솔라Thiashola, 글렌달레Glendale, 타이거 힐Tiger-hill. 이들은 널리 알려진 닐기리의 유명 다원들이다. 그런데 다른 생산지 다원차와는 달리 닐기리 다원차의 품질은 다소 안정적이지 못하다. 몇 번의 실패 뒤에는 다원차를 구입하는 것이 망설여지기도 한다.

게다가 또 하나 특이한 것은 다르질링, 아삼, 누와라엘리야, 우바, 딤불라, 키먼 등 유명한 단일 지역을 제품명으로 한 상품이 거의 모든 홍차 회사에서 판매되고 있음에도 '닐기리'라는 제품명으로 판매하는 경우는 매우 드물다는 것이다. 필자가 현재 알고 있는 것은 인도 홍차 회사인 프리미어스의 '닐기리'가 유일하다.

현재 갖고 있는 닐기리 다원차들로는 딱히 시음기를 쓸 수 있는 상황이 못 된다. 혹 탁월한 닐기리 다원차를 만나게 되면 꼭 함께 시음할 수 있는 기회를 주시기를 바라면서 『홍차수업』에 실려 있는 하부칼 다원의 시음기로 이를 대신하고자 한다.

인도 홍차:
아삼

건조한 찻잎은 그렇게 진하지 않은 갈색에 푸른 잎이 섞여 있었다. 푸른 기만 없다면 원난 홍차와 비슷한 외형이었다. 등급에 어울리지 않게 단아한 기품이 없고 골든 팁도 잘 보이지 않아 기껏해야 FOP급 정도로 보였다. 하지만 건조한 찻잎에서 나는 신선하고도 달콤한 향은 예사롭지 않아 흥분을 억누른 채 뜨거운 물을 부었다.
정말 "심봤다"라는 말이 입에서 나올 뻔했다. 뜨거운 엽저에서 올라오는 그 닐기리 특유의 담백한 향에 달콤함이 꽉 차 있었다. 수색 또한 황금 호박색을 띠며 엽저에서 올라오는 그 향 그대로가 맛으로 변해 입안 전체를 채웠다. 이때 떠오른 첫 느낌은 이런 맛은 결코 인공적으로는 만들지 못하리라는 것이었다.

엽저는 균일하지 않지만 유념을 강하게 하지 않았는지 상당히 큰 찻잎이 포함되어 있고 유달리 줄기가 많다. 또한 건조한 잎에서 그런 것처럼 엽저에도 푸른 기가 많은 것으로 보아 산화 또한 길게 하지 않은 듯하다.

포트넘의 홈페이지를 찾아보니 가장 귀하고 좋은 닐기리 중 하나이며, CR-6017이라는 향이 풍부한 복제종 차나무의 찻잎으로, 닐기리 홍차가 맛과 향이 가장 뛰어난 12월에서 2월 사이에 생산한 것이라고 설명되어 있었다.(매장에서와 달리 홈페이지에는 제품명이 'Nilgiri Havukal special Muscatel'이라고 되어 있다.)

판매처의 자체 상품 평이 항상 정확한 것은 아니지만, 적어도 이 닐기리 하부칼 다원의 SFTGFOP1만큼은 과장이 아닌 듯싶었다. 내가 홍차를 즐기게 된 것이 다시 한번 행운으로 느껴지는 밤이었다.

tea

제5장

스리랑카
홍차

열 대 지역에 위치한 스리랑카는 1년 내내 차를 생산함으로써 인도, 중국, 일본 같은 다른 생산지와는 달리 계절에 따른 구분이 큰 의미가 없다. 대신 생산 지역이 위치한 고도에 따른 구분이 오히려 더 큰 의미가 있는데, 고도에 따라 홍차의 맛과 향에 뚜렷한 차이가 나타나기 때문이다.

일반적으로 600미터 이하의 로 그론low-grown, 600~1200미터의 미드 그론mid-grown, 1200미터 이상의 하이 그론high-grown으로 구분한다.

보통은 하이 그론 지역으로 구분되는 누와라엘리야, 우바, 딤불라 지역 등에서 생산되는 홍차가 가장 좋은 것으로 여겨지며 세계적으로도 많이 알려져 있다. 이들 지역은 차 생산지가 집중되어 있는 섬의 서남 사분면을 남북으로 가로지르는 높은 산맥 양 기슭 및 정상 부근에 위치하고 있다.

스리랑카 홍차의 또 다른 특징 중 하나가 계절적 몬순인데, 이 산맥으로 나누어지는 서쪽 면은 대략적으로 1월에서 5월, 동쪽 면은 7월에서 10월이 건조기이고 이 시기에 생산되는 차가 해당 지역의 가장 좋은 차로 받아들여지며 시즈널 퀄리티 티Seasonal Quality Tea라고 불린다.

그러나 근래 들어서는 그동안 제대로 평가받지 못했던 저지대 지역 홍차들도 새로 개발된 맛과 향으로 점점 더 그 중요성이 커지고 있다. 라트나푸라, 갈레 등이 여기에 해당된다. 여기에 중지대에 속하는 캔디 지역까지 포함하여 보통 스리랑카의 홍차 생산지를 여섯 곳으로 분류한다. 물론 딱히 정해진 것은 아니다. 누와라엘리야와 우바 사이에 있는 우다 파셀라와도 따로 구분해주는 경우도 있고, 저지대를 루후나 혹은 사바라가무와 등의 다른 이름으로 분류하기도 한다.

전 세계 홍차 생산량은 해마다 차이가 있지만 대체로 250만~300만 톤 규모로 본다. 하지만 홍차 가공법에 따라 구분하면 정통 가공법으로 생산되는 것은 15퍼센트 전후이며 나머지 대부분의 물량은 CTC 가공법으로 생산된다. 연간 100만 톤 규모를 생산하는 인도도 거의 85퍼센트가 CTC 홍차이며, 홍차 생산량이 40만 톤 규모로 인도에 이어 세계 2위인 케냐는 거의 95퍼센트 이상이 CTC 홍차다. 반면에 스리랑카는 연간 30만 톤 규모로 생산하는데 90퍼센트 이상이 정통 홍차다. 따라서 국가 단위로 보면 스리랑카의 정통 홍차 생산량은 세계 1위이며, 중국, 다르질링과 함께 정통 홍차 생산의 마지막 보루 역할을 하고 있다. 다시 말하면 고급 홍차 시장에서는 중국, 다르질링과 함께 스리랑카 홍차의 역할이 매우 크다는 뜻이다.

스리랑카
홍차

콜롬보 티 옥션 센터. 스리랑카 홍차는 콜롬보에 있는 옥션을 통해 거의 전량(약 97퍼센트)이 거래된다. 매주 화요일과 수요일에 열리며 거래량은 일주일에 7000톤 정도다. 콜롬보 옥션은 거래 물량이 오랫동안 세계 1위였으나 최근 케냐의 몸바사 옥션에 밀리기 시작했다.

스리랑카 홍차의 세 번째 특징은 정통 홍차를 대부분 생산하되 홀리프 위주로 생산하는 다르질링, 중국과는 달리 브로큰 등급의 홍차를 주로 생산한다는 것이다. 홀리프에 싹이 많이 포함되어 SFTGFOP 같은 높은 등급이 많은 다르질링, 중국 홍차(중국 홍차도 근래 들어 과거와 달리 알파벳을 사용한 등급으로 분류하는 경우가 많다. 하지만 등급과는 관계없이 중국 홍차는 기본적으로 싹이 많이 포함된 홀리프로 이루어져 있다)와는 달리 거의 대부분의 홍차가 BOP, FBOP 같은 브로큰 등급 혹은 홀리프라도 FOP, OP 혹은 OP1 정도가 대부분이다.

　이 이유를 책이나 현지 방문을 통해 나름 찾고자 노력했으나 뚜렷하고 명확한 설명은 구할 수 없었다. 다만 추정해보면 홍차의 품종과 테루아로 인해 스리랑카 홍차는 브로큰 등급일 때 자신의 맛과 향을 가장 잘 발현한다는 것과 스리랑카 홍차가 맛과 향이 다양하고 무난하기 때문에 많은 홍차의 블렌딩용으로 사용되다보니 블렌딩에 적합한 브로큰 등급에 대한 전 세계적 수요가 많지 않나 하는 것이다. 근래 들어 OP, OP1 등급이 다소 늘어나는 듯한 추세이기는 하나 좀더 지켜봐야 할 것 같다.

　이와 같은 스리랑카 홍차의 특징을 염두에 두고 이제 스리랑카 홍차만으로 블렌딩된 싱글 오리진과 다양한 지역의 다원차를 알아보자.

PRODUCT 18

실론 오렌지 페코
포트넘앤메이슨

오렌지 페코Orange Pekoe(OP)는 홍차의 종류가 아니라 등급을 나타내는 용어다. 따라서 아삼 오렌지 페코도 있을 수 있고 다르질링 오렌지 페코도 있을 수 있다. 그러나 실론 오렌지 페코는 하나의 고유 명사화되어 오늘날 사용되고 있다.

스리랑카의 커피 농장이 병으로 폐허가 된 뒤 홍차 다원으로 전환해가던 1890년대, 스리랑카를 방문한 토머스 립턴은 헐값에 매물로 나와 있는 다원들을 구입하면서 홍차 사업에 본격적으로 뛰어들었다. 립턴은 이미 과거에도 보여왔던 천재적인 마케팅 재능을 발휘하여 "다원에서 직접 티포트로"라는 슬로건을 만들었다. 그는 곧 전 세계에 홍차를 판매하면서 엄청난 부자가 되어 '홍차 왕'이라는 명성을 얻게 된다. 이런 과정에서 립턴은 실론 오렌지 페코라는 용어로 전 세계에 스리랑카 홍차를 광고함으로써 소비자들에게 실론 오렌지 페코가 마치 아주 훌륭한 홍차의 종류인 것처럼 인식시켰다. 립턴과 더불어 스리랑카 홍차를 말할 때 빼놓을 수

왼쪽부터 룰레콘데라 다원 초입에 있는 제임스 테일러 동상, 다원과 티 팩토리의 모습이다.
제임스 테일러와 관련된 당시의 기사도 보인다.

없는 인물이 바로 제임스 테일러다. 테일러는 스리랑카에서 최초로 성공적으로 차나무를 심고 재배한 사람으로, 스리랑카 홍차의 아버지로 여겨진다. 1867년 스리랑카의 첫 번째 다원인 룰레콘데라Loolecondera를 캔디 근처인 헤와헤타 지역에 만들면서 스리랑카 홍차가 본격적으로 시작되었다.

포트넘앤메이슨의 실론 오렌지 페코는 섬세한 고지대 차와 다소 강한 맛의 저지대 차로 블렌딩되어 있다. 찻잎의 외형은 홀리프와 브로큰 등급의 두 종류가 블렌딩되었다는 것을 알 수 있지만 비교적 균일한 편이다. 전체적으로 어둡고 아주 짙은 회색, 거의 검은색에 가깝다.

수색은 표준적인 적색이다. 아주 깔끔하고 우아하다. 엽저에서 올라오는 향이 복합적이면서 달고 약간의 꽃 향도 난다. 우린 차에서는 엽저보다는 다소 차분한 향이 올라온다. 우린 차의 온도가 약간 내려가면서 오히려 엽저에서 맡았던 복합적인 향이 올라온다. 강도는 그렇게 강하지 않으며 맛은 향기롭다. 하지만 바디감은 상당하다. 이렇게 바디감이 강하면서 부드럽게 느껴지는 맛이 신기할 정도다.

실론 오렌지
페코

INFORMATION

중량	125g
가격	9.95파운드
구입 방법	www.fortnumandmason.com(직구 가능)
우리는 방법	400ml / 2.5g / 3분 / 펄펄 끓인 물

인도와 스리랑카의
차 거래와 옥션

인도와 스리랑카는 다원들이 생산한 차를 판매하는 방식에 차이가 있다. 스리랑카는 다원이 생산한 차 거의 모두(97퍼센트)를 반드시 옥션auction을 통해서만 판매해야 한다. 따라서 스리랑카 국내 홍차 회사든 유럽의 홍차 회사든 모두 다 옥션에서 직접 구입하거나 스리랑카에 있는 중간 브로커들을 통해 구입해야 한다. 반면 인도는 다원이 직접 고객들에게 판매할 수 있다. 즉 유럽의 홍차 회사든 자국의 홍차 회사든, 소규모 도매상이든 누구에게나 판매할 수 있다. 물론 옥션을 통해서도 판매할 수 있다. 옥션을 통한 거래와 직접 거래 비율은 각 50퍼센트 수준이다. 전 세계에는 13개의 티 옥션이 있으며 오랫동안 콜롬보 옥션이 거래 물량 기준으로 1위였으나 최근 케냐의 몸바사 옥션이 1위로 올라섰다.

**스리랑카
홍차**

PRODUCT 19

애프터눈 실론 16번
해러즈

애프터눈
실론 16번

해러즈 16번 애프터눈 실론은 해러즈의 베
스트셀러이자 스테디셀러 홍차 중 하나다. 런던의 해러즈 백화점 매장에
서도 그랬지만 홈페이지에 보면 14번 잉글리시 브렉퍼스트, 42번 얼그레
이와 함께 묶어서 판매되는 경우도 많다. 해러즈의 애프터눈 실론은 스리
랑카 홍차만으로 블렌딩된 것이다.

스리랑카 홍차 산지는 섬의 서남 사분면에 집중되어 있고 이 지역을 남
북으로 거대한 산맥이 가로지르고 있다. 홍차는 주로 이 산맥의 양쪽 경
사면에서 재배된다.

딤불라 지역은 서쪽 경사면의 고지대에서 중지대에 걸쳐 있는 홍차 산
지로 이 지역에서 생산되는 딤불라 홍차는 아마도 세계적으로 가장 널리
알려진 스리랑카 홍차일 것이다. 해러즈 16번은 스리랑카 홍차 중에서도
이 딤불라 지역의 고지대와 중지대 홍차만으로 블렌딩하여 만든 것이다.

홍차 이름에서도 알 수 있듯이 이 차는 부드럽고 섬세하여 오후에 마시기에 좋다.

건조한 찻잎은 약간 입체적이라는 느낌을 준다. 수색은 적색이지만 밝은 적색이다. 해러즈 16번의 향을 맡을 때면 필자는 항상 시골에서 흙 마당을 쓰는 거친 대빗자루를 떠올린다. 대빗자루는 얼기설기 만들어져 거친데 그 빗자루가 지나간 흙 마당은 가는 선이 그어진 채로 아주 깨끗하다. 왜 이런 모습이 연상되는지 이유는 잘 모르겠다.

그렇지만 맛은 아주 부드럽다. 그러면서 좋은 블렌딩 홍차의 특징인 균형감, 무난함, 안정감, 조화감 등을 모두 다 갖추고 있다. 특히나 맛의 깔끔함이 두드러진다. 블렌딩 홍차의 대표적 단점 중 하나인 온도가 내려가면서 차가 무거워지고 떫어지는 현상이 특이하게도 16번 홍차에는 거의 없다.

엽저는 매우 균일하고 깔끔하다. 전체적인 색상도 가벼운 갈색이지만, 산화를 다소 약하게 했는지 부분적으로 옅은 쑥색을 띤 잎들도 섞여 있다.

차가 식어가면서, 코코아 향에 풋내가 약간 섞인 듯한 향이 희미하게 느껴진다. 일반적으로 딤불라 홍차의 특징으로 이야기되는 복합미를 가장 잘 표현하고 있는 아주 멋진 실론 홍차다.

스리랑카
홍차

INFORMATION

중량	125g
가격	9.5파운드(14번, 16번, 42번을 묶어서 25파운드에 판매)
구입 방법	www.harrods.com(직구 가능)
우리는 방법	400ml / 2.5g / 3분 / 펄펄 끓인 물

잉글리시 브렉퍼스트(우바)

로네펠트

우바Uva는 딤불라와 반대로 동쪽 경사면의 고지대와 중지대에 걸쳐 있는(900~2000미터) 생산지이며, 이곳에서 나오는 우바 홍차는 스리랑카 홍차 중에서 가장 강도가 있으며, 흔히들 다르질링, 키먼과 함께 세계 3대 홍차에 포함시키기도 한다.

강도가 있는 우바 홍차의 이런 특징은 퀄리티 시즌인 7~9월 사이에 우바 지역을 강타하는 '카찬'이라는 덥고 건조한 바람의 영향이 크다. 찻잎이 이 바람에 견디면서 맛과 향을 농축시키는 것이다.

일반적으로 잉글리시 브렉퍼스트는 아삼을 베이스로 하여 블렌딩되는 경우가 많은데 로네펠트의 잉글리시 브렉퍼스트는 우바 단일 지역 홍차로만 되어 있다. 우바가 강한 맛을 가지고 있으므로 잉글리시 브렉퍼스트 원래의 목적은 충분히 달성할 수 있다고 본다.

스리랑카 홍차의 특징 중 하나가 대부분 브로큰 등급이라는 것인데 이

우바의 하푸탈레 지역. 고도가 높아 순식간에 구름이 몰려들었다.

하푸탈레 지역에 있는 담바텐네 티 팩토리.
이곳이 토머스 립턴이 우바 지역에서 가장 먼저 구입한 다원으로 알려져 있다.

제품 또한 FBOP 등급이다. 갈색의 찻잎은 말려 있는 느낌을 주면서 균일하지 않고, 다소 밝은 갈색의 가는 줄기 같은 것이 포함되어 깔끔하지 않은 인상을 준다. 우린 엽저 또한 전혀 균일하지 않아 일반적인 기준으로 보면 좋은 홍차가 아니다. 하지만 이것은 우바 홍차의 외형상의 특징일 뿐이다.

수색은 짙은 적색으로 다소 무거워 보인다. 언뜻 아삼의 수색과 비슷해 보이기도 한다. 뜨거운 열기와 함께 우바 특유의 기분 좋은 민트 향이 올라온다. 입안에서 느껴지는 바디감이 굉장히 강하다. 바디감만큼이나 맛 또한 전체적으로 강도가 있지만, 보통 강도가 있는 홍차에서 느껴지는 떫은맛은 거의 느껴지지 않는다. 맛 전체가 꽉 찬 느낌이 들어 훈련을 매우 많이 한 보디빌더의 근육 같은 느낌을 준다.

우바의 강함은 아삼의 강함과는 느낌이 다르다. 아삼이 탤런트 김보성 같은 느낌을 준다면, 우바는 김래원 같은 느낌을 준다고 할까. 뭔가 조용하면서 은근히 강한 듯하다.

온도가 조금 내려가 마시기 편한 정도가 되니 적색을 띤 수색이 더 맑아지고 아름다워 보인다. 마른 잎도 균일하지 않고, 엽저 또한 예쁘지 않은데, 이를 만회하려는 듯 수색은 정말 아름답다. 물론 맛과 향도 훌륭하지만.

이런 바디감과 강도를 가져서인지, 실론 홍차로는 매우 드물게 우바에는 우유를 넣어도 된다는 말이 생긴 것 같다. 식어가면서 약간 쌉싸름해지는 맛이 일품이다.

2011년 무렵 처음 이 제품을 구입했을 때는 우바 하일랜드Uva Highland 단일 다원차였는데 코발트색의 블루틴에서 현재의 화이트틴으로 변경되

면서(로네펠트의 고급 라인인 블루틴 전체가 현재 화이트 틴으로 변경되었다)
우바 단일 산지차로 바뀌었다. 필자가 독일 로네펠트 측에 이유를 문의했
을 때 "표기사항 그대로 읽어달라"는 극히 불성실한 답을 받았다.

INFORMATION

중량	100g
가격	12.8유로
구입 방법	www.tee-kontor.net(직구 가능)
우리는 방법	400ml / 2.5g / 3분 / 펄펄 끓인 물

러버스리프
포트넘앤메이슨

페드로Pedro 는 하이 그론high-grown 지역인 누와라엘리야의 대표적 다원이다. 차를 판매할 때는 러버스리프Lover's Leap 라는 다원 이름을 사용한다. 즉 페드로와 러버스리프는 같은 다원이라고 보면 된다. 이 페드로 다원은 관광객들을 위해 티 팩토리 견학과 찻잎 채엽 체험을 할 수 있게 하며 차도 구입할 수 있는 부티크도 운영한다. 우리나라 홍차 애호가들이 스리랑카를 방문할 때 대부분 들르는 곳이기도 하다. 필자도 2012년과 2015년 두 번 이곳을 방문했다. 두 번 모두 낮에는 홍차 생산을 하지 않아 멈춰 있는 기계들의 역할과 생산 과정에 대한 설명만 들었다. 하지만 두 번째 방문 때는 같이 간 홍차 수입 업체의 도움으로 일반인에게 잘 허용되지 않는 한밤의 홍차 생산 과정을 직접 볼 수 있었다.

페드로 다원

다원 안에 있는 부티크

부티크에서 마신 홍차.
한국에서 마시는 것과는 무엇인가 달랐다.

새벽 1시의 홍차 가공

보통 누와라엘리야 홍차의 특징이 살짝 떫은 듯하면서도 달콤한 꽃향기를 내며 이에 더하여 가벼운 바디감을 지닌 황금색 수색의 홍차라고 하는데, 이런 맛과 향이 나오는 비밀의 현장을 목격할 수 있었다.

9월이었음에도 고도 2000미터에 위치한 누와라엘리야의 밤은 상당히 쌀쌀했다. 우리나라의 가을 날씨 같았다. 밤 1시경 도착한 티 팩토리에서는 대낮처럼 밝은 상태에서 수십 대의 기계가 요란한 소리를 내는 가운데 수십 명의 사람이 분주히 움직이고 있었다.

홍차 생산 과정은 일반적으로 채엽-위조-유념-산화-건조-분류의 과정으로 이루어져 있다. 이날 밤의 첫 번째 특징은 유념 후 찻잎을 로터베인이라는 기계에서 한 번 더 분쇄시켜주는 과정을 거쳤다는 것이다. 보통은 건조 후 마지막 단계인 분류 과정에서 홀리프, 브로큰, 패닝, 더스트로 나누지만 브로큰 등급을 더 많이 생산할 필요가 있을 경우는 이렇게 유념된 찻잎을 의도적으로 분쇄시켜 브로큰 등급의 찻잎을 훨씬 더 많이 생산하는 것이다. 사실 이것은 스리랑카 홍차의 특징이기도 하다. 스리랑카 홍차는 대부분이 브로큰 등급으로 이루어져 있다. 그런데 잘게 분쇄된 찻잎은 같은 조건이라면 홀리프보다 산화 속도가 빠르다.

산화 과정이 없다?

여기에 두 번째 비밀이 있었다. 누와라엘리야 홍차 특유의 맛과 향을 발현하기 위해서는 산화가 약하게 되어야만 한다. 그러므로 분쇄된 찻잎

유념된 찻잎을 로터베인에서 분쇄한다.

로터베인에서 분쇄되어 나오는 찻잎

의 산화 속도가 빨라질 수밖에 없는 상황을 극복하기 위해서는 하루 중 가장 온도가 낮은 한밤중에 홍차를 가공하는 것이다. 온도가 낮으면 산화 속도가 늦어지기 때문이다. 티 팩토리 책임자는 "산화 과정이 없다"고 말하지만 정확한 표현은 "의도된" 산화 과정이 없는 것이다. 찻잎은 채엽하는 순간 산화가 되기 시작한다. 따라서 이렇게 유념하여 분쇄시킨 찻잎은 자연적으로 그것도 빠른 속도로 산화가 진행된다. 즉 따로 의도된 산화 과정을 두지 않더라도 위조 과정, 유념 과정, 건조 과정이 이어지는 동안 계속 산화는 이루어지고 있는 것이다.

어쨌든 이날 밤 페드로 티 팩토리의 가공 과정에는 분명 "의도되고" "독립된" 산화 과정이 없는 것은 확실했다.

이런 과정을 통해 누와라엘리야 홍차 특유의 맛과 향이 나오고 어떻게 보면 다르질링 FF와 유사한 느낌 때문에 홍차의 샴페인Champagne of teas 혹은 실론의 다르질링Darjeelings of Ceylon 등의 이름으로 불리는 것이다.

그럼에도 이와 같은 누와라엘리야의 특징을 잘 살린 누와라엘리야 홍차를 만나기가 결코 쉽지는 않다. 많은 유명 브랜드에서 판매하는 누와라엘리야 홍차의 맛과 향이 항상 기대에 미치지 못했다.

마리아주 프레르에서 판매하는 러버스리프 다원차가 비교적 누와라엘리야의 특징을 잘 살린 축에 속했다.

2016년 포트넘앤메이슨에서 아주 특이하게 예쁜 나무상자에 넣은 러버스리프 다원차를 실론 홍차치고는 상당히 고가인 90그램당 21.5파운드에 판매하고 있었다. 항상 좋은 누와라엘리야 홍차를 맛보고 싶었기에 바로 구입했다. 스리랑카 홍차의 특징인 계절적 몬순으로 누와라엘리야는 서쪽 면의 퀄리티 시즌인 1~3월 사이에 생산된 차가 가장 좋다. 이 차는 2016년 2월에 생산된 것이라고 적혀 있었다.

전체적으로는 옅은 갈색이지만 자세히 보면 밝은 갈색, 옅은 연두색의 찻잎이 많이 섞여 있다. 찻잎이 싱그러운 느낌을 준다. FBOP 등급치고는 찻잎 크기가 상당히 큰 편이며 매우 균일하여 유념이 잘된 것 같다.

수색은 맑고 투명한 전형적인 호박색이다. 향에서는 산화를 많이 시킨 다르질링 FF의 느낌이 난다. 하지만 FF의 푸릇푸릇함과 꽃 향에 약간은 거친 듯한 기분 좋은 풀 향이 더해진 것이 차이점인 것 같다. 입안에서 느껴지는 떫은맛은 다르질링 FF의 떫은맛과는 무게가 다른 듯하다.(떫은맛이라고 표현하고 있지만 마땅한 다른 표현이 없는 것이 유감이다. 사실은 그냥 떫다고 하기엔 참 미묘한 떫은맛인데 말이다. 홍차 애호가 분들이 이 맛을 이해해줄 거라 믿고 싶다.)

위에서 누와라엘리야 홍차의 특징으로 언급한 "살짝 떫은 듯하면서도 달콤한 꽃향기를 내며 이에 더하여 가벼운 바디감을 지닌 황금색 수색"이라는 표현에 거의 적합한 것 같다. 다만 가볍다고 하기에는 바디감이 어느 정도 있는 것이 차이점이라고 할까.

마른 찻잎과 달리 엽저는 라임색이다. 엽저만 보면 다르질링 FF라고 믿을 정도다. 산화가 아주 약하게 되었다는 것을 알 수 있다. 페드로 다원의 티 팩토리에서 본 것처럼 의도된 산화 과정 없이 만든 차라는 분명한 증거인 것이다.

차는 보통 시간이 지나면 수색이 짙어진다. 품평할 때 수색을 가장 먼저 보는 이유다. 이 차 또한 수색이 다소 짙어졌는데, 금색에 가깝게 짙어진 수색이 너무나 아름답다. 그리고 식어가면서 바디감도, 떫은맛도 강해진다. 그 강해진 바디감과 떫은맛이 입안에서 주는 느낌과 길게 남는 후미가 탁월하다. 차가 주는 떫은맛이 이렇게 기분 좋게 느껴지는 것은 정말 드문 경우다. 필자처럼 좋은 누와라엘리야에 목말라 있는 애호가들은

러버스리프 폭포

꼭 한 번 경험해보기를 권한다.

마지막으로, 러버스리프라는 다원 이름과 관련된 슬픈 전설을 하나 소개하고자 한다. 실론의 마지막 왕조인 캔디Kandy 왕가의 한 왕자가 낮은 계급의 처녀와 사랑에 빠졌고 이를 알게 된 왕이 왕자를 잡으리 병사들을 보냈다. 이들을 피해 두 남녀는 폭포에 몸을 던졌고 이를 안타깝게 여긴 사람들이 이 폭포를 러버스리프 폭포Lover's leap waterfall라고 불렀다는 이야기다. 다원 이름은 이 폭포의 이름에서 유래한 것이다. 다원에서 얼마 멀지 않은 곳에 폭포가 있다. 차에 대해서는 사실fact보다는 이와 같은 전설이 항상 훨씬 더 매력적으로 다가온다. 그래서인지 페드로 다원 홍차는 대부분 러버스리프라는 이름으로 판매된다.

INFORMATION

중량	90g
가격	21.5파운드
구입 방법	www.fortnumandmason.com(직구 가능)
우리는 방법	400ml / 2.5g / 3분 / 펄펄 끓인 물

PRODUCT 52

케닐워스 OP1
마리아주 프레르

케닐워스 OP1

케닐워스Kenilworth 다원은 딤불라 지역의 가장 오래된 다원 중 하나이자 서양에 가장 많이 알려진 스리랑카 다원이다. 이 이름은 영국의 유명한 케닐워스 성에서 유래한 것이다.

『죽기 전에 꼭 봐야 할 세계 역사 유적 1001』이라는 책에도 소개되어 있는데 1200년대부터 만들어지기 시작해 여러 세대 동안 증축을 거듭해온 오래된 성으로서, 특히 유명해진 이유는 엘리자베스 1세가 자신의 충신이면서 연인으로도 알려진 레스터 백작 로버트 더들리가 소유한 이 성을 방문해 오랫동안 머물렀기 때문이기도 하다.

엘리자베스 1세 시대를 다룬 영화로는 세자르 카푸르 감독이 1998년에 만든 「엘리자베스」와 2007년에 만든 「골든 에이지」가 유명하다. 「엘리자베스」는 여왕의 초기 통치기, 「골든 에이지」는 후기 통치기를 주로 다룬다. 「엘리자베스」에서 로버트 더들리는 여왕과 아주 깊은 관계를 맺는 애인으로 나오나 역사적으로는 많은 설이 있다고 한다. 영화에서는 케닐

케닐워스 다원

케닐워스 성

위스 성에 방문하는 장면이 나오지는 않는다. 두 영화 모두에서 케이트 블란쳇이 여왕 역할을 이루 말할 수 없이 잘했으며 다른 유명 배우도 많이 나오는 멋진 영화다. 출연진들의 연기, 옛날 의복, 음악을 포함하여 나무랄 데 없는 명작이다. 두 영화를 이어서 감상하기를 추천한다.

엘리자베스 1세는 이것 말고도 실제로 홍차와도 아주 깊은 관련이 있다. 영국의 홍차 역사와 불가분의 관계에 있는 영국 동인도회사의 특허장을 1600년 12월 31일 승인하기도 했기 때문이다.

인도나 스리랑카의 유명 차 생산지 혹은 다원은 이렇듯 영국이나 스코틀랜드의 지명이나 성 이름에서 유래한 것이 많다. 영국 사람들은 고국으로부터 멀리 떨어진 식민지 땅에 고향의 그립고 친숙한 이름을 붙이면서 위안을 얻었을지 모르지만 정작 500년 가까이 외세의 지배를 받아온 스리랑카의 또 다른 슬픈 흔적인 것 같아 씁쓸하기도 하다.

산맥의 서쪽 면을 따라 올라가면서 다원이 위치한 약 1200미터 고도의 딤불라 지역에 이르면 계곡 건너편 산기슭에 유칼립투스 나무의 숲이 너무나 아름답게 서 있다. 70~100미터까지 자라는 유칼립투스 나무는 쭉 뻗어 올라간 기둥의 윗부분에서 우아하고 아름다운 가지를 아주 넓게 펼치고 있었다. 그 자태가 너무나 점잖아 보이고 귀족적이어서 숲 속 요정들이 산다면 저런 나무숲에서 살지 않을까 하는 생각이 들었다.

찻잎은 거의 검은색에 가까우며 크고 단단해 보이는 외형이다. 잔 부스러기 하나 없이 매우 균일한 멋진 형태다. 수색은 투명하고 아름다운 적색이다. 두드러지게 차별화된 하나의 향이 아니라 다양한 향이 조화되어 올라오는 듯하다. 게다가 아주 뜨거울 때보다는 약간 식어가면서 향이 더 좋아진다. 맛에 여러 향이 잘 녹아 있는 듯하며 적당한 바디감에 균형 잡힌 부드러움이 느껴진다. 따뜻한 물에 레드 와인을 약간 섞은 그런 맛이다. 매번 느끼지만 케닐워스 다원차는 마실 때 맛에서 향이 나는 것 같은 느낌이다.

정말 깔끔한 맛이다. 이는 건조한 찻잎뿐만 아니라 엽저에서 보이는 정갈함에도 그대로 반영되어 있다.

브로큰 등급이 대세인 스리랑카 홍차 중에서 정말 탁월한 OP 등급의 다원차다. 케닐워스 다원의 OP 등급이 이 등급에서는 콜롬보 옥션의 최고가 기록을 가지고 있다는 것이 충분히 이해가 된다.

INFORMATION

중량	100g
가격	8.5유로
구입 방법	www.mariagefreres.com (직구 가능)
우리는 방법	400ml / 2.5g / 3분 / 펄펄 끓인 물

뉴 비싸나칸데
포트넘앤메이슨/르팔레 데테

스리랑카의 서남쪽 로 그론 지역인 루후나에서 생산되는 차는 스리랑카 총생산량의 절반이 넘지만 오랫동안 제대로 대접받지 못해왔다. 이는 저지대의 더운 열기와 습도로 인해 고지대에서 생산되는 홍차의 섬세함과 깔끔함이 부족하기 때문이었다. 대신 저지대 홍차 특유의 바디감과 적당한 강도Strength가 있는데 이런 맛을 선호하는 러시아나 중동 지역으로 주로 수출되었다.

하지만 근래 들어 저지대에서도 지속적인 품질 개선을 통해 훌륭한 차들을 생산하기 시작했는데, 그중 탁월한 것이 바로 뉴 비싸나칸데라는 새로운 스타일의 차다. 뉴 비싸나칸데는 라트나푸라 지역에 있는 다원으로 1948년에 설립되었다. 이곳을 중심으로 개발된 차는 키먼 하오야같이 가늘고 단단해 보이는 찻잎에 이 차의 특징으로 유명한 은색 팁이 기분 좋게 섞여 있다. 일반적으로 홍차의 팁은 황금색인데 뉴 비싸나칸데는 유념 과정에서 팁에 가능한 한 상처를 적게 주는 방법을 개발하여 팁을 마치

뉴 비싸나칸데 티 팩토리

백차처럼 은색으로 유지하게 했다.

뉴 비싸나칸데가 들어 있는 틴의 뚜껑을 열면 가공하지 않은 카카오나 초콜릿의 가루에서 나는 쓴맛에 단맛이 섞인 듯한 달콤하고 건조한 향이 확 올라온다. 마른 찻잎에서 이렇게 인상적인 강한 향이 올라오는 홍차는 그렇게 흔하지 않다. 아마 좋은 키먼 홍차에서나 경험할 수 있는 정도다. 게다가 틴의 속 면에는 갈색을 띤 솜털 가루가 촘촘히 붙어 있어 싹이 많이 포함되었다는 것을 알려준다.

우린 차에서는 건조한 찻잎에서 올라오는 향과 동일하게 연한 코코아 향에 꿀이 들어 있는 것처럼 달콤한 향이 섞여 올라온다. 키먼 홍차의 향과 비슷한 듯하면서도, 키먼의 난꽃 향 대신에 뭔가 묘한 단 향이 섞인 쓴 향, 기본적으로는 쓴 향인데 아주 고급스런 단맛이 잘 어우러져 달콤하게 쓴 향이라고나 할까! 아주 독특한 향이다. 수색은 짙은, 다소 어두운 적색이다. 하지만 아주 맑다.

바디감은 상당히 있다. 마시면 입안을 가득히 채우는 충만감이 느껴진다. 약간 식은 상태에서 마시면 희미하게 떫은맛과 쓴 듯한 맛이 느껴진다. 향에서 나는 달콤한 뉘앙스는 맛에서는 사라져간다. 하지만 나쁘지 않다. 원래 차는 쓰고 떫은맛이 기본적인 골격을 이룬다. 단지 이 쓰고 떫은맛이 얼마나 기분 좋고 우아하게 잘 조화되느냐가 관건이다. 그런 관점에서 보면 이 차는 좋은 모델이 될 수도 있을 것 같다. 차를 넘기고 난 뒤 입안에 남는 느낌 또한 굉장히 무게감 있어 이 차는 뭔가 남성적인 굵은 선을 지니고 있다.

전체적인 느낌에서 멋지게 제복을 차려입은 육군 사관생도들의 이미지를 떠올리게 하는 스리랑카 저지대의 대표적인 홍차다.

필자가 가지고 있는 뉴 비싸나칸데는 르팔레 데테Le Palais Des Thes, 포트넘앤메이슨에서 구입한 것 그리고 스리랑카 방문 시 현지 차 회사로부터 선물로 받은 것이다.

단단해 보이는 찻잎, 흰색에 가까운 싹 등 세 종류의 외형은 거의 비슷하다. 그리고 뉴 비싸니칸데는 스리랑카 홍차로는 특이하게 항상 FBOPF(혹은 FBOPF1 Extra Special) 등급이 붙어 있다.

시음은 선물 받은 것으로 했다. 많은 홍차 회사에서 판매하고 있으니 어렵지 않게 구입할 수 있다.

르팔레 데테는 프랑스의 차 브랜드로 1986년에 프랑수아 사비에르를 중심으로 한 차 애호가들이 설립했다. 비교적 좋은 차를 많이 취급하며 우리나라의 차 애호가들에게도 많이 알려져 있다. 최근에는 일부 제품이 정식으로 수입되고 있다.

INFORMATION

우리는 방법 400ml / 2.5g / 3분 / 펄펄 끓인 물

PRODUCT 54

라트나푸라 OP

마리아주 프레르

라트나푸라 OP

스리랑카의 홍차 생산지는 고도에 따라 여섯 혹은 일곱 개 지역으로 구분된다. 일반적으로 하이 그론, 미드 그론 지역에는 누와라엘리야, 우바, 딤불라, 캔디 등이 포함된다. 누와라엘리야와 우바 사이에 있는 조그만 지역인 우다 파셀라와를 최근 우바 지역으로 포함시키는 경향이 있다. 약간 혼란스러운 것이 저지대인 루후나 지역인데 루후나, 갈레, 라트나푸라, 사바라가무와 등 다양한 명칭으로 부르기 때문이다.

루후나는 기원전 200년경에 존재했던 고대 왕국으로 동남부 지역에 위치하면서 스리랑카의 거의 절반에 해당하는 지역을 차지했던 옛 왕국의 이름이다. 이 왕국의 남쪽 지역이 현재 홍차 산지 혹은 홍차 이름으로 루후나로 불리는 것이다. 그리고 이곳의 현재 행정구역 명칭이 사바라가무와Sabaragamuwa 주이며 라트나푸라는 이 사바라가무와 주의 주도州都다. 결국 이 명칭들은 스리랑카 저지대 홍차 산지를 조금씩 다른 관점에서 부르는 것이다. 라트나푸라나 갈레처럼 도시로 부르기도 하고 루후나나 사바라가무와처럼 지역을 중심으로 부르기도 한다.

라트나푸라Ratnapura는 사파이어와 루비를 포함한 보석 생산지로 유명한데, 도시 이름 자체가 스리랑카 공용어인 싱할라어로 '보석의 도시'라는 뜻이기도 하다.

찻잎 전체가 거의 검은색에 가까운 짙은 회색으로 색상이 완전히 통일되어 있다. 찻잎이 마치 요즘 머슬마니아 대회에 나온 선수들의 몸매처럼 아주 단단하고 매끄러워 보인다. 잔 부스러기가 거의 없이 찻잎의 형태가 균일한 것은 철저한 유념의 결과로 인한 것이다.

지름이 넓고 요철이 있는 아래쪽 원판에 찻잎을 넣는 지름이 작은 위쪽의 통으로 이루어진 유념기Rolling Machine는 1871년 발명되면서 수천 년 동안 손으로 해왔던 찻잎 비비기에 혁명을 가져왔다. 홍차(혹은 모든 차의 경우도) 생산지에 따라 조금씩 다를 수는 있지만 기본적인 형태와 작동 원리, 목적은 동일하다. 즉 찻잎에 적절하게 상처를 내 산화도 잘되게 하고(앞 단계에서 살청 과정을 거친 녹차는 해당되지 않는다), 나중에 잘 우러나도록 하는 것이다. 그리고 찻잎의 형태를 잡으면서 부피도 줄여준다. 따라서 통 위에 있는 뚜껑이 찻잎을 누르는 압력, 돌리는 속도, 돌리는 시간 그리고 아래쪽 판에 돌출된 무늬의 모양에 따라 최종적으로 완성되는 홍차의 외형이 다양해진다. 이는 사람의 손으로 유념을 하더라도 아주 다양한 외형의 찻잎이 나오는 것과 기본적으로 동일한 것이다.

맑고 깨끗한 표준이 될 만한 적색이다. 달콤하면서도 묵직하게 초콜릿 향이 다가온다. 틴을 열었을 때 맡은 꽃향기가 다소 희미해지긴 했지만

유념기

유념이 되고 있는 찻잎

회전하는 유념기에 찻잎을 넣는 모습

유념을 거친 뒤의 찻잎

입안에서는 느껴진다. 이 꽃향기 또한 누와라엘리야 같은 고지대 홍차에서 나는 것과는 다르게 밀도가 높아 코를 통해서라기보다는 입안 전체를 통해서 음미된다. 적당한 바디감에 초콜릿 향과 꽃 향이 입안 전체를 꽉 채우는 듯하다. 입안에서 느껴지는 감촉이 너무 깔끔해 마치 뽀드득 소리가 날 것 같다. 엽저에서는 잎과 줄기로 확연히 구분된다. 마른 찻잎일 때는 유념으로 인해 찻잎이 가늘게 말려 있어 줄기와 구별되지 않았는데, 우린 후 찻잎이 펼쳐지니 구별이 가능해진 것이다. 물론 찻잎이 훨씬 많지만 줄기도 꽤 들어 있다. 일반적으로 줄기는 제거되어야 하지만 이런 경우는 상당히 의도적으로 포함시킨 것 같다. 이 줄기가 라트나푸라의 맛에 어떤 영향을 미칠 것 같은데 정확히 알 수는 없다.

식어도 떫은맛이 느껴지지 않는다. 참 독특한 맛과 향이다. 필자도 홍차에 대한 선호도가 몇 번 변해왔지만 뒤에 소개하는 갈레와 함께 이 라트나푸라는 처음부터 지금까지 변함없이 좋아하는 차다. 스리랑카 저지대 홍차의 매력을 한번 느껴보시기 바란다.

스리랑카
홍차

INFORMATION

중량	100g
가격	7유로
구입 방법	www.mariagefreres.com(직구 가능)
우리는 방법	400ml / 2.5g / 3분 / 펄펄 끓인 물

PRODUCT 55

갈레 디스트릭트 OP1
딜마

스리랑카 남쪽 바닷가에 위치한 갈레는 현재 스리랑카에서 다섯 번째로 큰 도시이자 서기 150년경에 만들었다고 추정되는 그 유명한 프톨레마이오스의 세계지도에도 등장하는 유명한 항구도시다. 중국 명나라 초기 아시아 바다를 원정한 정화의 함대가 갈레에 들러 함대의 원정 목적을 기록하고 세운 비석으로도 유명한 곳이다.

또한 갈레는 16세기 포르투갈이 아시아의 바다를 지배할 당시 세운 요새화된 항구도시의 전형적인 보기이며 포르투갈을 이어 네덜란드 또한 더 넓고 강력하게 요새화하여 현재 아시아에 남아 있는 유럽인이 세운 가장 큰 요새 항구로 유네스코 세계문화유산으로 지정되었다.

이런 긴 역사를 가진 갈레 인근에서 생산된 것이 딜마의 갈레 디스트릭트 OP1이다.

찻잎은 검은색에 가까운 아주 짙은 회색이며 잔 부스러기 하나 없는 깔끔한 홀리프 등급이다. 앞서 소개한 라트나푸라 찻잎과 비슷하지만 갈

갈레 항

레 찻잎이 크기도 약간 더 크고 조금 더 굵은 것 같다. 부유물이나 가라앉는 것 하나 없이 이렇게 깔끔하기도 힘들 것 같다. 특이하게도 마른 찻잎에서 아주 기분 좋은 달콤한 초콜릿 향이 올라온다.

수색은 찻잎의 색상과는 달리 깔끔하고 맑은 적색이다. 마른 잎에서 나는 달콤한 초콜릿 향에 약간 녹색이 더해진 것 같은 향이 올라온다. 굳이 표현한다면 초콜릿 맛이라고 하겠지만 그렇다고 꼭 초콜릿 맛이라고는 할 수 없는 오묘한 맛이 난다. 맛 또한 아주 깔끔하고 부드럽다. 바디감은 그렇게 강하지 않아 일반적인 저지대 홍차에 대한 선입견과는 전혀 다르다.

보통 스리랑카 저지대 홍차는 섬세함이 부족하고 깔끔하지 않다고 표현되는데 갈레는 오히려 매우 섬세하고 깔끔하다. 다만 분명한 것은 고지대인 누와라엘리야 홍차처럼 꽃 향이 나는 것은 아니다. 그런 향과는 분명히 다른 무엇인가가 있기에 그것이 오히려 큰 매력으로 다가온다.

홍차의 맛과 향에 대한 객관적인 평가를 하려고 애쓰지만 이상하게 끌리는 맛과 향이 있다. 필자에게는 이 딜마의 갈레 디스트릭트 OP1이 그런 홍차 중 하나다.

INFORMATION

중량	85g
구입 방법	국내에서 구입 가능하며 판매처에 따라 가격이 조금씩 차이가 있음
우리는 방법	400ml / 2.5g / 3분 / 펄펄 끓인 물

tea

제6장

중국
홍차

우 리는 중국 차라면 모두 수백 수천 년의 역사가 있다고 생각하는 경향이 있다. 물론 100년, 200년도 짧은 역사가 아닌 건 맞다. 하지만 오늘날 알고 있는 중국 명차들 중 의외로 많은 것이 1800년대, 특히 중반 이후 등장하기 시작했다. 이에 대한 여러 이유 중 가장 주된 것이 인도에서 홍차가 생산될 거라는 예상 때문이었다. 1860년 무렵이 되어서야 인도에서 본격적으로 홍차가 생산되기 시작했지만 1823년 로버트 브루스가 아삼 시브사가르에서 차나무를 발견한 이후 인도의 영국 동인도회사는 많은 장애물에도 불구하고 홍차 생산 프로젝트를 시작했다. 따라서 중국이 차나무와 제다법, 제다 기술자의 유출을 막기 위해 아무리 노력한다 하더라도 인도에서 홍차가 생산되는 것은 시간문제임을 이미 중국에서도 알고 있었다.

생각 있는 중국 차 생산자들은 앞으로 인도에서 홍차가 생산될 경우 중국이 그동안 가져왔던 전 세계 홍차 공급에 대한 독점권이 위협받을

로버트 포천. 19세기 중반, 중국에 들어가 차 가공법을 알아내고, 차나무를 가져온 스코틀랜드의 식물학자이자 차 스파이

때를 대비하지 않을 수 없었다.

이 무렵 본격적으로 출현하기 시작한 것이 대홍포로 대표되는, 무이 암차(우이암차)라 불리는 다양한 우롱차와 백호은침 같은 백차다. 백호 은침만 하더라도 1800년대 초반에 처음 등장했지만 푸딩 대백, 정허 대 백 품종으로 만드는 오늘날의 푸젠 성 백호은침은 1850년 이후에 완성 된 것이다. 그리고 1875년부터 생산되기 시작한 키먼 홍차는 현재 중국 최고 홍차일 뿐만 아니라 세계 최고 홍차 중 하나로 그 명성을 유지하고 있다.

1859년 영국이 수입한 홍차는 3만2000톤이었는데, 이 물량 전체가 중국에서 온 것이었다. 이로부터 40년이 지난 1899년 인도에서 생산한 양이 10만 톤을 넘어서면서 중국의 수출량은 급격하게 줄어들어 실제 로 중국 홍차 수출은 거의 파산할 지경에 이르렀다. 중국 홍차 생산자들 이 우려한 바가 현실로 나타난 것이다. 이 과정에서 인도에서의 생산량 이 급격히 증가하자 중국 홍차 생산자들이 오히려 영국인이 주도하는 인 도 홍차 생산 과정을 보기 위해 인도를 방문하곤 했다. 하지만 중국인들 은 인도에서 기계식 대량체제로 생산해내는 엄청난 홍차를 보고는 물량 으로 인도 홍차와 경쟁하는 것을 포기하고 중국만의 차별화된 생산 기 술을 발전시키기로 했다. 이 덕분에 오늘날 우리는 인도와 스리랑카에서 생산되는 소위 '영국식 홍차'와는 차별화된 '중국식 홍차'라는 우아하고 세련된 홍차를 즐길 수 있게 된 것이다.

이 중국식 홍차는 인도에서 홍차가 생산되기 이전에 생산된 중국 홍 차와는 다르기 때문에 "현대식 중국 홍차"라고 말하는 것이 더 정확할지 도 모른다.

이 현대식 중국 홍차의 가장 큰 특징은 바로 떫지 않다는 데 있다. 심지어 서양의 어떤 홍차 전문가는 현대의 중국 홍차를 "떫지 않고 부드럽고 달콤하다"라고 표현하기도 한다. 물론 이것은 인도와 스리랑카 등에서 생산되는 영국식 홍차와의 차별성을 강조하기 위한 표현일 수도 있지만, 실제로 현대의 중국 홍차는 제대로 우리기만 하면 떫은맛을 거의 느낄 수 없는 것이 사실이다.

이런 차이를 가져오는 가장 큰 이유는 바로 가공 방법에 있다. 중국 홍차는 비교적 싹을 많이 포함시키고 유념을 약하게 한다. 그리고 상대적으로 긴 시간 동안 산화를 충분히 시킨다. 물론 소엽종이 주를 이룬다는 측면에서는 품종의 영향도 있을 것이다. 이제 아름다운 중국 홍차의 세계로 들어가보겠다.

키먼
포트넘앤메이슨

키먼 홍차는 특이하게도 처음 만든 사람과 시기가 정확히 알려져 있다. 위간천余干臣이라는 젊은이가 푸젠 성에서 하급 공무원으로 일하다 불명예스럽게 퇴직하자 당시 푸젠에서 영국으로 수출하던 홍차의 가공법을 배웠다. 고향인 안후이 성 키먼으로 돌아온 그는 1875년에 처음으로 키먼 홍차를 생산했다.

그러다가 키먼 홍차는 1915년 파나마 만국박람회에서 금상을 받음으로써 세계적인 명성을 얻게 되었다. 참고로 파나마 만국박람회는 홍차 관련 책을 읽다보면 자주 언급되는데, 그 이유는 다음과 같다.

1914년 파나마 운하가 개통되고 그 관리권을 미국이 갖게 되었는데, 미국은 운하 개통을 축하하기 위해 1915년 샌프란시스코에서 파나마 만국박람회를 개최했다. 1911년 청나라가 망하고 중화민국이 건국되면서 오랜 혼란 끝에 어느 정도 안정을 찾은 중국은 이 파나마 만국박람회에 대규모로, 약 4000품목 정도를 참가시킨다. 주최 측은 정말 훌륭한 제품이

파나마 만국박람회장(1915)

기 때문이었는지 혹은 동양의 신비로움 때문이었는지 몰라도 많은 중국 상품을 상위권에 입상시켰으며 키먼 홍차도 이때부터 명성을 떨치게 되었다. 유명한 중국 술인 마오타이도 이때 서구에 알려지게 되었다.

키먼 홍차의 특징은 독특한 맛과 향이다. 깨끗하고 깔끔한, 과일 향 같으면서도 뭔가 아련한 것이 더해진 느낌이 아주 고급스럽다. 서양 사람들은 이것을 가공하지 않은 초콜릿 혹은 카카오 가루의 맛과 향에 난꽃 향이 더해진 매혹적인 맛으로 표현한다. 이런 탁월한 맛과 향은 가공법의 차이에서도 오지만 키먼 홍차를 만드는 차나무 품종에서만 발견되는 미르세날myrcenal이라 불리는 에센셜 오일 덕분이라는 주장도 있다. 이 성분이 키먼 홍차의 맛에 형언할 수 없는 감미로움을 더해준다는 것이다. 그런데 이 성분은 산화 과정을 거쳐야만 발현되는 것으로 같은 찻잎으로 녹차를 만들면 나타나지 않는다고 한다.

우리나라 음용자들 중에는 이러한 키먼 홍차의 향을 "훈연 향"이라고 표현하는 경우가 종종 있는데, 약간 중국스러운 독특한 향을 그렇게 느끼는 것 같다. 하지만 키먼에는 훈연 향이 전혀 나지 않는다. 훈연燻煙은 연기 낄 훈에 연기 연으로 훈연 향이 난다는 것은 인공적으로 연기를 쐬었다는 뜻인데, 키먼 홍차의 가공법에는 그런 과정이 없다. 그리고 훈연을 영어로는 스모키smoky라고 표현하는데, 영어로 쓰인 어떠한 차 관련 책에도 키먼의 향을 이렇게 표현하지는 않는다. 인공적으로 연기를 쐬어 훈연 향이 나는 홍차는 뒤에 소개할 정산소종과 랍상소우총이 대표적이다.

포트넘앤메이슨에서는 다양한 품질과 가격대의 키먼을 불규칙적으로 판매하지만, 클래식 월드 티Classic World Teas 시리즈 중 하나인 이 키먼은 항상 판매되고 있는 제품이다.

외형은 검고, 작고, 날씬하여 전형적인 키먼 하오야의 특징을 갖고 있다. 수색은 깔끔하고 맑은 적색이다. 차를 마시러 잔을 들면 그 속에 얼굴을 거울처럼 비추어주는 깨끗한 수색이다. 향은 매우 선명하고 밀도가 높고 안정적인 느낌을 주며 위로 떠오르지 않고 마치 찻물 위에서 뭉쳐져 흩어지지 않는 것 같은 느낌을 준다. 방금 전 다 우린 후 찻잔에 차를 부을 때 온 방을 휘감았던 향과는 전혀 다른 느낌이다. 맛에도 수색과 향의 느낌이 그대로 반영되어 다른 것을 허용하지 않고 자신의 것만 지키려는 단호함이 있다. 떫은맛은 전혀 느껴지지 않는다. 아마도 키먼 홍차의 특징인 긴 산화 과정을 통해 차가 표현할 수 있는 감미로움을 최대한으로 발현시킨 것 같다. 한 모금 마시고 잔을 놓으면 흔들리는 찻물이 너무나 아름답다. 다 마신 뒤에도 잔에는 오랫동안 은은하고 감미로운 키먼 향이 남아 있다. 참 아름다운 홍차다.

INFORMATION

중량	125g
가격	9.95파운드
구입 방법	www.fortnumandmason.com (직구 가능)
우리는 방법	400ml / 2.5g / 5분 / 펄펄 끓인 물

키먼 마오펑 & 키먼 하오야

티 팰리스

키먼 마오펑 &
키먼 하오야

일반적으로 인도, 스리랑카 홍차가 담겨 판매되는 틴에는 FOP, BOP, SFTGFOP 같은 영어 대문자로 된 알파벳이 암호처럼 적혀 있는 경우가 많다. 이는 찻잎의 등급을 나타내는 표시다. 즉 찻잎이 홀리프인가, 브로큰인가, 홀리프라면 싹이 얼마나 들어 있는가를 표시하는 것이다. 하지만 중국인들은 자신들이 생산한 홍차에는 이런 등급 시스템을 채택하지 않고 대신 특급, 1급, 2급 이런 식으로 품질에 따른 차등 표시를 해왔다. 유럽의 홍차 회사들도 대부분 알파벳 등급 대신 각자 자의적으로 키먼 스페셜 기프트 티Keemun Special Gift Tea, 프리미엄 안후이 키먼Premium Anhui Keemun, 키먼 임페리얼Qimen Imperial 등으로 품질에 따른 나름의 이름을 정해 가격을 차별화하여 판매하고 있다.

또 어떤 경우에는 키먼 마오펑Keemun Mao Feng, 키먼 하오야Keemun Hao ya로 구분하여 판매한다. 키먼 마오펑, 키먼 하오야 이런 식의 구분 판매는 위에 언급된 각 홍차 회사의 제품명처럼 자의적인 구분이 아니라 나름 키

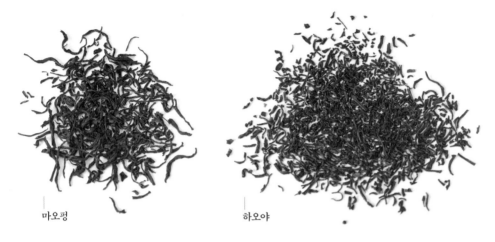

마오펑   하오야

먼 홍차의 종류를 어떤 특색이나 기준에 따라 구분하여 판매하는 것이다. 이에 대해 필자는『홍차수업』에서 다음과 같이 정리했다.

키먼 하오야 찻잎은 직선의 가늘고 작고 까만 모양이며, 마오펑은 조금 튼실하고 약간 굽은 모양이고 무엇보다도 골든 팁이 많다. 이것은 마오펑이 하오야보다 조금 빠른 시기에 채엽하는 데서 오는 차이다. 마오펑은 이 골든 팁으로 인해 미묘함과 달콤함이 있는 우아하고 가벼우며 세련된 맛을 준다. 조금 늦게 채엽되는 하오야는 그만큼 성숙한 맛이 있고 달콤함보다는 힘 있는 맛이 특징이다.

위의 설명이 일반론적인 것이기는 하지만 높은 등급의 하오야와 낮은 등급의 마오펑을 비교하면 다른 의견도 나올 수 있어 항상 적용된다고는 할 수 없다. 실제로 각 홍차 회사에서 판매하는 하오야와 마오펑의 품질이 다소 일관성이 없기도 하다.

대체로 많이 판매되어 우리가 비교적 쉽게 접하는 것은 하오야 스타일이다. 따라서 키먼 하오야를 따로 표시하는 경우보다는 조금 드문 키먼 마오펑을 따로 구별하여 표시하는 경우가 많다.

그런데 최근의 두드러진 경향은 중국 홍차에도 스리랑카, 인도 홍차처럼 알파벳 등급을 매겨 판매하는 회사가 늘어나고 있고 반면에 키먼 마오펑, 키먼 하오야로 구분하여 판매하는 홍차 회사는 줄어들고 있다는 것이다.

마리아주 프레르의 예를 들면 키먼 FOP, 키먼 임페리얼 FOP, 그랜드 키먼 FOP, 로이 두 키먼Roi Du Keemun FTGFOP1 등 네 가지 제품을 가격을 달리하여 판매하고 있다. 즉 마오펑과 하오야로 구분하지는 않고 등급으로 구분하는 것이다. 독일의 로네펠트도 중국 홍차에 알파벳 등급을 붙이고 있다.

따라서 마오펑과 하오야로 구분하는 대신 알파벳 등급 시스템으로 가는 것이 새로운 트렌드라는 느낌은 들지만 아직 확신할 수는 없다. 키먼 마오펑과 키먼 하오야를 명확히 구분하여 판매하고 있는 영국 티 팰리스 제품으로 둘을 비교해보고자 한다.

마오펑과 하오야의 찻잎 색상은 거의 검은색에 가깝고, 싹은 드물게 눈에 띈다. 찻잎의 외형은 뚜렷이 구별되어 하오야는 상대적으로 작고 가는 형태이며 마오펑은 큰 찻잎에 유념이 강하게 된 것 같지 않게 부피감이 있다.

마오펑의 수색은 조금 짙은 호박색, 하오야는 조금 옅은 적색으로 하오야가 조금 더 짙다. 둘 다 매력적이지만 마오펑이 조금 더 밝고 아름다워 보인다.

향에서는 마오펑이 다양하고 풍성하고 여유 있게 느껴진다면 하오야는

키먼 마오펑 &
키먼 하오야

마오펑   하오야

다소 뭉쳐 있고 소극적이라는 느낌이다.

맛에서도 마오펑이 훨씬 풍성하고 섬세하다. 키먼 특유의 맛과 향이 은은하게 느껴지는 반면 하오야는 너무 솔직하고 직선적으로 키먼임을 드러내는 것 같다.

엽저는 둘 다 잔 부스러기 없이 균일하고 깔끔하다. 하지만 찻잎의 크기는 마른 찻잎에서 예상했던 것처럼 마오펑이 훨씬 더 크다.

티 팰리스의 마오펑과 하오야의 시음 결과는 앞의 인용에서 묘사된 것처럼 기존의 마오펑과 하오야의 특징을 그대로 나타내고 있다. 다만 외형에서 티 팰리스 마오펑이 과거에 구입했던 포트넘앤메이슨 마오펑보다는 골든 팁을 다소 적게 포함하고 있다. 포트넘앤메이슨 마오펑이 등급이 더 높았던 것 같다. 키먼 마오펑과 키먼 하오야를 평가할 때는 품질의 우위보다는 맛과 향의 특징을 놓고 평가하는 것이 맞지 않을까 생각한다. 등급상의 변수와 각자의 장단점이 있기 때문이다.

그리고 이런 구분 대신 홍차 회사마다 등급으로 구분하거나 나름의 제

품명으로 구분하여 판매하는 새로운 트렌드가 있으니 자신의 기호에 맞
는 좋은 키먼을 찾도록 애써보는 것도 좋겠다. 키먼 홍차는 그런 노력을
들일 만한 가치가 충분히 있기 때문이다.

**키먼 마오펑 &
키먼 하오야**

INFORMATION

마오펑	하오야

중량	125g(동일)
가격	마오펑 11.5파운드 / 하오야 18.25파운드
	(이 경우에는 하오야 가격이 더 높았다)
구입 방법	www.teapalace.co.uk
우리는 방법	400ml / 2.5g / 5분 / 펄펄 끓인 물

그랜드 윈난
마리아주 프레르

중국 홍차

키먼 홍차만큼의 스포트라이트는 받지 못하지만 윈난 성에서 만들어지는 윈난 홍차, 즉 전홍滇紅도 독특한 맛과 향이 있다. 전滇이란 글자가 윈난을 뜻하므로 윈난에서 생산되는 홍차라는 뜻이다. 윈난 성은 보이차(푸얼차)가 만들어지는 곳으로도 알려져 있지만 그 이전에 차나무의 기원지로도 유명하다. 차 연구자들은 윈난 성 남쪽인 시솽반나Xishuangbanna가 차나무가 최초로 생겨난 곳이라고 주장한다. 또 한 가지 윈난에는 『삼국지』의 주인공 제갈량과 관련된 이야기도 전해진다. 『삼국지』에는 제갈량이 "남중"이라 불린 윈난을 평정하러 원정을 와서는, 이 지역의 지도자였던 맹획을 일곱 번 사로잡았다가 일곱 번 풀어주어 진심으로 복종시키는 유명한 '칠종칠금七縱七擒'의 내용이 나온다. 이때 원정 온 제갈량이 윈난 사람들에게 차 가공하는 법을 가르쳤다는 전설이다.

이런 오랜 차의 역사에도 불구하고 윈난 성에서 홍차가 만들어지기 시작한 것은 상대적으로 최근인 1939년경부터다. 이유는 정확히 알 수 없지만 홍차가 중국에서는 음용되지 않고 단지 수출용으로만 생산되었는데, 윈난 성은 내륙 깊숙이 있어 항구와의 거리가 너무 멀어 생산의 필요성이 없지 않았을까 추측해본다.

윈난 홍차는 이 지역에서 주로 재배되는 윈난 대엽종으로 만들어진다. 서양 식물학자들은 윈난 대엽종을 아삼 대엽종의 하위 품종으로 여기지만 중국인들은 독립된 품종이라고 주장한다.

찻잎은 갈색 톤을 띤 짙은 회색으로 골든 팁이 꽤 있는 매우 단정하고 균일한 형태다. 전형적인 윈난 홍차의 외형이다. 수색은 적색이지만 투명하지도 맑지도 않다. 향에서는 윈난 홍차 특유의 흙내음 같기도 하고 지푸라기 냄새 같기도 한 것이 올라온다. 결코 부정적인 뉘앙스가 아니다. 게다가 특이한 것은 향이 달콤하다는 것이다. 바디감 또한 굉장하다. 입안을 가득 채운다는 느낌이다. 이런 바디감은 매우 드물다. 전체적으로 섬세하지도 가볍지도 않다. 오히려 입안에서는 약간 거칠다는 느낌마저 있다. 마시면서 가을 벌판이 느껴지는 홍차다. 하지만 차가 마음을 매우 편안하게 해준다. 어느 서양 차 전문가가 말한 것처럼 키먼 홍차가 귀족이라면 윈난 홍차는 다소 소박한 사촌이라는 표현이 참 절묘하다는 생각이 든다.

그랜드 윈난

INFORMATION

중량	100g
가격	7유로
구입 방법	www.mariagefreres.com (직구 가능)
우리는 방법	400ml / 2.5g / 5분 / 펄펄 끓인 물

홍차와 물

우리가 흔히 접하는 pH라는 글자는 potential hydrogen ion con-
centration의 약자로 수소이온지수를 나타나는 것이다. 7이 순수한 물,
즉 중성이며 7보다 낮으면 산성, 7보다 크면 염기성(알칼리성)이다. 경수
혹은 연수는 물속에 칼슘, 마그네슘 등의 광물질이 녹아 있는 정도를 나
타내는 것으로 이들의 함유량이 많을수록 센물, 즉 경수라고 한다.

차를 우린다는 것은 뜨거운 물속에서 찻잎으로부터 수용성 고형 물질
을 추출하는 것이다. 따라서 물의 pH 정도와 경수/연수 여부는, 물이 찻
잎으로부터 수용성 고형 물질을 추출해내는 능력에 영향을 미치며 결국
차의 수색, 향, 맛 등을 좌우하기 때문에 중요하다. 차에 이상적인 물은
pH가 중성이며 가능한 한 적은 광물질을 포함하고 있는 것이다.

우리나라에서 쉽게 구할 수 있는 수돗물, 정수기 물, 시판되는 생수 대
부분은 pH가 7 전후이며, 마그네슘, 칼슘 등의 미네랄 함량도 낮다. 따라
서 우리나라 물은 홍차를 우리는 데 있어서는 최고라고 말할 수 있다. 참
고로 필자의 경험에 의하면 차를 우렸을 때 가장 맛이 떨어졌던 생수는
'에비앙'이었다.

에귀 도르 SFTGFOP1(전홍금아)

마리아주 프레르

에귀 도르

차는 차나무의 싹과 잎으로 만든다. 산화를 시키지 않는 녹차에는 전혀 해당 사항이 없지만 산화시켜 만든 홍차는 산화되는 과정에서 싹과 잎의 색상이 다르게 변화한다. 즉 홍차의 마른 잎이 검은색에 가까운 색상을 띠는 것은 유념 과정을 통해 잎에 포함된 엽록소가 파괴되어 산화 과정에서 검은색으로 변하기 때문이다. 그런데 싹에는 아직 엽록소가 제대로 형성되지 않았기 때문에 산화 과정에서 검은색이 아니라 갈색 혹은 황금색 정도로만 변화한다. 이것을 홍차에서는 골든 팁이라고 하면서 품질의 표시로 삼는 것이다.

반면에 백차 중에 100퍼센트 싹으로만 되어 있는 백호은침의 싹이 흰색에 가까운 것은 백호은침의 가공 과정에 유념 과정이 없기 때문이다. 따라서 싹이 상처를 입지 않아 싹에 조금 있던 엽록소가 위조와 건조 과정에서 증발해버렸기 때문이다.

근래 다르질링 FF를 매우 약하게 산화시켜 만든 경우 싹이 흰색에 가까운 경우가 있는데 이것은 유념을 매우 약하게 해서 싹이 거의 상처를 입지 않은 것이다. 또 실론 저지대 홍차인 뉴 비싸나칸데도 특이하게 싹이 흰색 혹은 은색에 가까운데 이 또한 특별한 유념 방법으로 싹이 상처를 입지 않아 그런 것이다.

윈난 홍차 중 100퍼센트 황금색 싹으로만 이루어져 금아金芽라고 불리는 홍차가 있다. 순수하게 싹이기는 하지만 백호은침의 경우와는 달리 홍차 가공법대로 유념을 했으므로 싹에 포함된 많지 않은 엽록소가 파괴되어 산화 과정에서 금색으로 변한 것이다.

영어로 윈난 버즈 오브 골드Yunnan Buds of Gold 혹은 윈난 골든 니들Yunnan golden needle 등으로 불리는 그야말로 가장 높은 등급의 최고급 홍차다.

문제는 품질이 좋은 금아를 만나기가 매우 어렵다는 것이다. 어떤 서양차 전문가는 최고 품질의 전홍금아를 만나면 신농 황제에게 제사를 지내야 한다고 적기도 했다.

이 전홍금아를 모델로 한 것인지 간혹 서양의 차 관련 책을 보면 100퍼센트 싹으로만 된 '골든 팁 아삼'을 매우 귀한 차로 소개하는데, 필자는 아직 만난 적이 없다.

국내에 수입되는 스리랑카 홍차 브랜드인 티 탕Tea Tang에서 판매하는 '골든팁스'는 황금색 싹으로만 되어 있는데, 문제는 그 가공 과정이 매우 당황스럽다. 즉 싹을 부드럽게 유념하고 건조하여 홍차 우린 물에 담가서 황금색으로 만드는 것인데, 이는 틴에 적혀 있기도 하고 스리랑카 현지의 티 탕 관련자에게 여러 번 확인도 한 것이다. 필자에게는 여전히 미스터리로 남아 있다.

약간 어두운 황금색 싹들이 정말 아름답다. 이 정도면 충분히 금아라

고 말할 수 있을 만하다. 그렇게 싹이 큰 것은 아니고 유념 때문에 약간씩 굽어 있다.

수색은 짙은 적색이지만 너무나 깔끔하고 아름답다. 향이 매우 복합적이다. 달콤한 솜털 향과 몰트 향이 알맞게 뒤섞여 있는 것 같다. 향이 결코 화사하지는 않다. 차라리 다소 무겁다고 해야 할 것이다. 그러나 그 무게감이 우아하게 느껴진다고나 할까! 입안을 가득 채우는 듯한 바디감에 맛도 무겁게 느껴진다. 하지만 감미롭다. 무거우면서도 감미로운, 언뜻 조화가 되지 않는 듯하지만 딱 어울리는 표현이다. 꽃 향이 약간 섞인 초콜릿 맛도 살짝 느껴진다. 전통 홍차 특유의 흙냄새는 전혀 나지 않는다. 엽저의 싹들은 거의 다 온전한 모습이다. 색상은 짙은 갈색이지만 적어도 형태만은 백호은침을 우렸을 때와 거의 같다. 유념을 했다 하더라도 상당히 부드럽게 했다고 봐야 한다.

제품명에서 에귀Aiguilles는 바늘이라는 뜻이고 도르D'or는 황금색이니 황금색 바늘, 즉 금침이다. 금아의 다른 표현이고 아마도 은침Yin Zhen과 대비하기 위해 이렇게 이름 붙인 것 같다. 이 정도의 '금아'라면 신농 황제

에게 제사까지는 아니어도 깊은 감사는 표해야 될 것 같다. 한 번쯤 경험
해볼 만한 차다.

INFORMATION

중량	100g
가격	40유로(틴에 들어 있지 않은 것)
	하얀색 틴에 든 것은 50g에 36유로다
구입 방법	www.mariagefreres.com(직구 가능)
우리는 방법	400ml / 2.5g / 5분 / 펄펄 끓인 물

랍상소우총 / 정산소종
포트넘앤메이슨 / 정산당

커피 전문점에서 에스프레소를 주문하는 손님들에게는 에스프레소가 어떤 커피인지를 미리 설명해주는 경우가 있다고 들었다. 가끔씩 양이 적다, 너무 쓰다는 등의 불만을 제기하는 손님들이 있기 때문이다. 즉 에스프레소가 어떤 커피인지 모르고 시킨 것이다. 어쩌면 차 전문점에서는 랍상소우총을 주문하는 경우에 마찬가지로 미리 설명을 해줘야 할지도 모르겠다. 그만큼 랍상소우총에 대해서는 선호가 갈린다. 홍차 중에서 훈연 향이 나는 유일한 차가 바로 랍상소우총과 정산소종이다. 가공 과정 중 연기를 쐬는 과정이 실제로 있기 때문이다.

우선 랍상소우총은 정산소종의 영어식 표현이 아니다. 랍상소우총과 정산소종은 다른 차라고 말하는 것이 맞다. 17세기 중엽 우롱차(그 당시에는 우롱차라는 개념이 없었다. 오늘날의 관점에서 보니 그러하다는 뜻이다)가 처음 만들어졌다고 알려진 중국 푸젠 성 우이산의 여러 지역 중에서도 퉁

이런 계곡을 따라 한참을 가면 퉁무촌이 나온다.

퉁무촌 주위에서 자라는 차나무

무桐木촌이라는 곳에서는 햇빛도 충분치 않고 건조한 날씨도 많지 않은 그 지역 자연환경 때문에 소나무 장작에 불을 지펴 생기는 열기와 연기로 찻잎을 위조하고 건조했다. 이렇게 하여 가공된 홍차에서는 은은한 훈연 향이 났고 이것이 당시의 영국인들에게 매우 선호되었다. 이 차가 수출항이 있던 푸젠 성 푸저우 지방 방언으로 소나무를 뜻하는 랍상Lapsang과 합쳐져서 랍상소우총이라 불리게 된 것이다. 이 랍상소우총의 수요가 급격히 늘어나자 퉁무촌 주위에서 자라나는 차나무에서 채엽된 이른 봄의 찻잎만 가지고는 그 수요를 맞출 수 없었다. 그러자 다른 지역에서 채엽된 거친 찻잎으로 가공한 차에 소나무 연기를 아주 강하게 쐬어 착향시킨 가짜 랍상소우총이 생산·공급되면서 진짜 랍상소우총을 마셔본 사람들보다 가짜 랍상소우총을 마셔본 사람이 더 많아졌다. 점차 시간이 흐르면서 이 가짜 랍상소우총의 강한 훈연 향을 좋아하는 사람이 생기게 되었고 진짜 가짜의 개념이 없어져버렸다.

다만 원래 만들어졌던 은은한 훈연 향이 나는 진짜 랍상소우총은 가짜 랍상소우총에게 이름을 양보하고 이들과 차별화하기 위해 정산소종이라고 불리게 된 것이다.

오늘날 서양에서 판매되는 것 대부분은 연기 냄새가 강하게 착향된 랍상소우총이다. 이는 강한 훈연 향을 좋아하는 애호가가 많기도 하고 생산량도 많아 가격 역시 저렴하기 때문이기도 하다. 은은한 훈연 향의 정산소종은 생산량도 적고 가격도 매우 비싸 구하기 어렵다. 서양에서는 차가 결코 비싼 기호 식품이 아니다. 우이산 퉁무촌에서만 생산되어 여전히 생산량이 적은 진짜 정산소종의 중국 현지가를 고려하면 결코 서양에서 판매될 수 없는 것이다. 따라서 지금 우리나라에서 판매되는 정산소종도 퉁무촌 바깥에서 만들어진 것이 많을 것이다.

정산소종과 랍상소우총이 이렇게 맛과 향이 전혀 다르게 된 것은 사용되는 찻잎도 다르고 연기를 착향하는 과정도 크게 다르기 때문이다. 정산소종은 우리나라의 커다란 온돌방 같은 곳에 대나무 바구니에 담은 찻잎을 두고 장작불을 땐다. 그 온돌방 바닥에 구멍이 군데군데 나 있어 연기가 그 사이를 뚫고 방으로 올라온다고 상상하면 된다. 그러면 연기도 그렇게 밀도 있게 올라오지 않고 연기의 온도 또한 그렇게 높지 않을 것이다. 이렇게 찻잎에 연기를 부드럽게 쐬어 만든 것이 정산소종이다. 반면에 랍상소우총은 옛날 우리나라 시골의 밥하는 아궁이 위에 밥솥 대신 찻잎을 넣은 대나무 바구니를 놓고 바로 아래 아궁이에서 축축한 장작을 때는 것을 상상하면 된다. 물론 불꽃이 직접 올라오게 하지는 않는다. 그러면 눈이 매울 정도의 밀도 높은 연기가 나올 뿐만 아니라 연기의 온도 또한 높다. 이런 식으로 뜨겁고 농밀한 연기가 찻잎에 강하게 착향된 것이 랍상소우총이다. 가공 과정을 눈으로 보기 전에는 이해가 어려웠는데 우이산 퉁무촌에서 현장을 보면서 왜 이렇게 다른 맛과 향을 내는지 쉽게 이해가 되었다.

정산소종

의외로 찻잎이 매우 크며 거의 검은색에 가깝다. 그리고 강하게 유념한 것 같지도 않다. 정산소종이 들어 있는 봉지를 여니 훈연 향은 거의 나지 않고 어릴 때 먹은 기억이 있는, 안에

정산소종을 가공하는 공장

공장의 아궁이

소나무 장작

연기가 새어 올라오는 방

술이 들어 있는 초콜릿에서 나는 향이 부드럽
게 올라온다.

수색은 약간 어두운 오렌지색이다. 정
말 달콤하고 우아한 '훈연 향'이 올라온
다. 참 좋다. 아직 마시지 않은 상태이지
만 향만으로도 좋다. 지금 이 향에 대한 정
보를 알고 맡으니 훈연 향이라고 인지하지만
모르는 사람에게 맡게 하면 연기 냄새인 줄 모를 것
같다.

바디감은 굉장히 강하다. 하지만 매우 부드럽다. 입을 가득 채우는 듯
하지만 목으로는 그냥 부드럽게 넘어간다. 맛에서는 달콤한 과일 향이 느
껴진다. 연기의 맛은 별로 나지 않는다. 꿀물에 과일주스를 섞은 느낌이
다. 정말 좋다. 엽저에서도 훈연 향은 거의 나지 않는다. 차가 아주 부드럽
다. 다 마신 잔에도 오랫동안 달콤한 향이 남아 있다.

정산소종은 훈연 향을 특징으로 하지만, 어쩌면 이게 전부가 아닐 수
도 있다. 생산자들이 주장하는 것처럼 퉁무촌이라는 '특별한' 테루아를
가진 지역에서 자라난 차나무에서 채엽한 찻잎의 영향도 매우 클지 모른
다는 생각이 새삼 든다.

필자가 시음한 차는 우이산을 방문했을 때 현지에서 구입한 것으로 정
산소종을 처음 생산한 것으로 알려진 가문의 후손인 장위안쉰江元勛이 설
립한 '정산당'에서 구입한 것이다.

우리는 방법   400ml / 2.5g / 5분 / 펄펄 끓인 물

랍상소우총

검은색의 보통 크기의 홀리프 찻잎이다. 마른
잎에서도 소위 말하는 '정로환' 냄새가 강하게
올라온다. 수색은 옅은 적색이다. 찻잎에서
강하게 나는 향에 비해서는 수색이 그렇게
어둡지 않다. 엽저에서는 여전히 정로환 향이
강하게 올라오지만 우린 차에서는 그렇게 강한 훈
연 향이 나지는 않는다. 맛에서도 마찬가지로 결코 건조한 찻
잎에서 느꼈던 강한 향은 없다. 건조한 찻잎에서 나는 향만으로 추측한
것보다는 훨씬 부드러운 맛과 향이 분명하다. 이 독특한 맛과 향에 대해
서 선호가 확연히 나뉘기는 하지만 필자의 경우는 랍상소우총을 처음부
터 싫어하지 않았다. 일부 사람들이 말하듯이 "가짜 정산소종"이라는 말
에 저항감을 가졌고, 『홍차수업』에서 정산소종과 랍상소우총에 대해 비
교적 자세히 그 역사를 정리한 것도 그 때문이었다.

정산소종과 랍상소우총을 같이 우려서 비교 시음을 시작했으나 곧 그
만두었다. 결국 정산소종을 먼저 시음하고 랍상소우총은 다시 우려서 별

도로 했다. 이 두 홍차는 전혀 다른 홍차다. 따라서 마치 다르질링과 아삼을 비교 시음하는 것처럼 별 의미가 없다는 것을 깨달았다.

역사를 포함해 많은 부분을 공유하는 것은 분명하지만, 오늘날의 정산소종과 랍상소우총은 전혀 다른 존재감으로 각각 빛나는 홍차들이다.

INFORMATION

중량	125g(사진 속 틴에 적힌 중량은 예전에 판매된 것이며 현재는 125g만 판매한다)
가격	9.95파운드
구입 방법	www.fortnumandmason.com(직구 가능)
우리는 방법	400ml / 2.5g / 5분 / 펄펄 끓인 물

골든 멍키
밍차

중국의 차와 관련된 많은 전설 중에 '원숭이가 딴 차Monkey picked'에 관한 것이 있다. 즉 산의 절벽이나 경사가 매우 심한 곳에 자라는 귀한 차나무의 찻잎은 사람이 접근하기 어려우므로 원숭이를 시켜 채엽한다는 것이고, 그래서 '원숭이가 딴 차'는 진귀함을 나타내는 것으로 받아들여졌다. 이런 연유로 과거 영국으로 차를 수출하던 시절, 중국의 차 상인들은 원숭이가 딴 차를 취급하는 것으로 자신의 차가 훌륭하다는 것을 나타내곤 했다는 것이다. 하지만 원숭이가 차를 땄다는 것은 실제로는 말도 안 되는 이야기였다.

그럼에도 이런 이야기가 사실처럼 서양에서 널리 알려진 것은 애니어스 앤더슨Aeneas Anderson이라는 영국인이 1793년 중국을 방문했을 때 원숭이가 딴 차에 관한 중국인들의 이야기를 듣고 그대로 영국에 소개한 것이 시발점이었다.

과거에 홍차를 의미한 보헤아가 생산되는 곳으로 알려진 푸젠 성 우이

우이산 바위 계곡 사이에서 재배되는 차나무들

산은 실제로 기암괴석과 큰 바위로 이루어져 있어, 다소 허황된 이런 이야기가 중국에 대해 신비로움을 가지고 있던 서양인에게는 설득력 있게 들려 널리 퍼진 것이었다.

　이런 역사적인 배경에서인지 현재도 유럽에서 판매되는 차의 목록에는 멍키라는 단어가 들어간 것이 가끔 있다. 골든 멍키Golden Monkey라는 유달리 골든 팁이 많이 포함된 중국 홍차도 이 중 하나다. 이는 푸젠 성 북쪽 해안의 푸안福安이라는 도시 근처의 탄양坦洋 지역에서 생산되는 홍차 중 하나를 일컫는 것이다. 이 지역에서 생산된 차는 지명을 따라 탄양궁푸라고 불리는데 아편전쟁 이후 푸저우 항이 개항되면서 푸젠 성의 홍차 수출량이 급격히 늘어나는 시기인 1850년대 전후에 수출을 목적으로 처음 생산되었다. 이 시기는 홍차를 생산·수출하던 중국인들이 아삼 홍차의 등장 가능성에 긴장하여 다양한 종류의 새로운 차를 연구하고 개발하

던 때이기도 하다. 이들 중에서도 특히 골든 팁을 많이 포함한 것을 골든 멍키라고 부르는데 싹과 잎의 조화로 적절한 균형을 이루며 중간 정도의 바디감에 달콤하고 부드러운 맛이 특징이다. 골든 멍키라는 이름은 눈에 띄는 황금색 싹뿐만 아니라 우린 차를 담은 잔에 나타나는 밝은 황금색 테두리bright golden rim에서 유래한 것이라는 설도 있다.

이 홍차의 이름이 다소 혼란스러운 것은 유럽의 유명 홍차 회사들에서 판매하는 중국 홍차 중에서 골든 멍키 킹Golden Monkey King, 윈난 멍키 킹 Yunnan Monkey King이라는 이름을 가진 것도 있기 때문이다. 그런데 이 차들의 생산지는 윈난 성으로 되어 있다. 따라서 같은 멍키라는 단어가 들어가고 또 싹이 많이 포함된 공통점이 있다 하더라도 푸젠 성에서 생산되는 골든 멍키와는 다른 차인 것이다.

필자가 골든 멍키를 처음 구입했던 회사는 포트넘앤메이슨이었으나 지난 몇 년간은 판매하지 않고 있고, 티 팰리스의 경우는 판매 목록에는 있으나 장기 결품 상태. 다행히 최근 홍콩의 밍차明茶에서 '탄양궁푸'라는 이름을 발견하고는 골든 멍키와 동일한 차로 생각하고 구입했다. 영문 제품명이 단양 골든 림Tanyang Golden Rim인 것도 확신을 주었다.

싹이 30~40퍼센트 정도 포함된 것 같다. 싹과 잎 모두 가늘고 길다. 이 점에서 약간 고불고불한 외형을 가졌던 포트넘앤메이슨의 골든 멍키와는 다소 차이가 난다. 수색은 아주 밝고 맑은 적색이다. 테두리에는 더 밝은 골든링이 선명히 대비되어 나타난다. 정말 기분 좋은 향이 올라온다. 초콜릿 혹은 코코아 향 같은 느낌도 있다. 바디감도 어느 정도 있고 강도도 적당해 맛에서는 힘이 느껴진다. 커다란 잎의 엽저는 단정하고 균일한 갈색이다.

"전홍금아와 맛과 향이 비슷하면서도 찻잎이 주는 적절한 강도로 인해 금아보다는 좀더 힘이 있다는 느낌을 준다. 필자는 전홍금아의 달콤한 솜털 향보다는 다소 강한 힘이 적절히 균형 잡혀 있는 골든 멍키의 조화로움이 좋다." 이 내용은『홍차수업』에 적었던 골든 멍키의 시음기인데 그때나 지금이나 의견은 다를 바 없다. 정말 맛있는 중국 홍차다.

골든 멍키

INFORMATION

중량	75g
가격	260홍콩 달러
구입 방법	www.mingcha.com (직구 가능)
우리는 방법	400ml / 3.5g / 5분 / 펄펄 끓인 물

일월담 홍차 (홍옥과 홍운)

홍옥   홍운

1895~1945년의 일본 식민지 통치기, 일본의 정책에 따라 타이완은 유럽의 홍차 수요에 맞춰 홍차 생산에 전념한 적이 있었다. 이를 위해 일본 정부는 1920년대 아삼종 차나무를 타이완에 이식하기도 했다. 해방 이후 녹차를, 그리고 지금은 탁월한 우롱차를 생산하지만, 홍차에 대한 과거의 흔적이 난터우南投의 아름다운 호수 일월담(르웨탄) 주위에 남아서 아주 훌륭한 홍차를 생산하고 있다. 1960년 이후 이곳에서 지속적인 품종 개량을 통해 다양한 교배종이 만들어졌는데, 그중 타이완 남부의 야생 차나무와 아삼종 차나무의 교배종으로 만들어진 대차臺茶 18호(혹은 T18호라고도 하는데, T는 타이완Taiwan의 앞글자이며, 대臺는 대만臺灣의 앞글자다)가 특히 뛰어나 1999년부터 본격적으로 생산하기 시작했다. 이것이 일월담日月潭 홍차, 즉 홍옥紅玉, Ruby이며 서양에서는 '선 문 레이크 블랙티Sun Moon Lake black tea'로 알려져 상당히 고급 홍차로 평가받고 있다.

일월담(르웨탄) 호수

紅茶示範栽培區

茶樹品種：台茶18號〈紅玉茶〉

種植日期：九十五年元月二十日

面積數量：〇·五公頃3000棵

管理方式：無毒有機農耕法

대차 18호를 재배하는 차밭

최근 대차 21호 홍운紅韻 또한 반응이 좋아 함께 비교해보고자 한다.

둘은 찻잎의 색상이 검다는 것 말고는 너무나 다르게 생겼다. 홍옥은 가느다랗고 약간 구불구불하면서 길쭉한 형태이며 홍운은 길다랗지만 전체적으로 크며 부피감이 있다. 라이트급과 헤비급의 모습이다. 찻잎 자체가 완전히 다른 것 같다.

홍옥은 너무나 맑은 등황색이며 홍운은 비슷하지만 조금 더 짙다. 홍옥과 홍운은 베이스가 되는 향은 같지만 홍옥에서 나는 고급스러운 민트 향이 홍운에서는 전혀 없다. 바디감은 비슷하며 둘 다 어느 정도 있는 편이다. 민트의 향과 맛이 중요한 포인트가 될 것 같다. 그렇게 좋았던 민트의 향과 맛이 둘을 동시에 마시니 약간 부정적으로 다가온다. 민트의 맛과 향이 없는 홍운은 굉장히 안정적이고 점잖은 맛인데 비해 민트 향은 조금 가벼운 느낌을 주며 맛의 질감을 느끼는 데 방해가 되는 것 같기도 하다.

엽저에서 찻잎의 크기는 마른 잎에서와는 달리 큰 차이가 없다. 홍옥은 비교적 온전한 찻잎 형태를 유지하나 홍운은 절반 정도로 잘라져 있다. 결국 마른 찻잎에서의 크기 차이는 유념에 따른 차이였던 것 같다. 하

중국 홍차

홍옥   홍운

지만 아주 큰 차이가 하나 있다. 홍옥에는 기다란 줄기가 많이 들어 있고 홍운에는 줄기가 전혀 없다. 마치 스리랑카 홍차의 라트나푸라처럼, 마른 찻잎일 때는 유념이 잘 되어 있으니 줄기와 잎의 외형이 구별되지 않았는데 잎이 펴진 엽저 상태에서는 홍옥에 들어 있는 줄기가 확연히 드러난다. 이 또한 맛과 향에 어떠한 영향을 미쳤을지가 매우 궁금하다. 엽저의 색은 홍옥의 경우 아주 균일한 특유의 밝은 갈색인데 홍운은 조금 어두운 갈색에 균일하지 않다.

　표현이 적절한지는 모르겠으나 홍옥은 (민트의 맛과 향 때문이기도 하겠지만) 30대 초반의 발랄하고 경쾌한 여성 같고, 홍운은 50대 중반의 중후한 신사 같다. 각각의 매력은 있다. 하지만 홍운의 매력은 못 느낄 수도 있고 느낀다 하더라도 시간이 걸릴 것 같다.

INFORMATION

홍옥　　　　　　　　　　　　　　　　　　　　　　　　홍운

구입 방법　둘 다 대만에서 직접 구입하거나 선물 받은 것으로
　　　　　출처를 명확하게 밝히기가 어렵다. 국내에서도 여러 경로를
　　　　　통해 다양한 홍옥, 홍운을 구입할 수 있다.
우리는 방법　400ml / 3.5g / 5분 / 펄펄 끓인 물(둘 다 동일)

tea

제7장

우롱차

평소 많이 받는 질문 중 하나가 오래된 차, 즉 유통 기한이 지난 차를 먹어도 괜찮냐는 것이다.

차에는 유통 기한이 없다고 말할 수 있다. 우유나 요구르트처럼 일정 시간이 지나면 상하고 부패해서 먹으면 몸에 이상이 생기는 개념의 유통 기한은 차에는 거의 없다. 지나친 습기나 오염에 노출되어 부패한 경우를 제외하면, 차는 시간이 지나면서 다만 신선도가 떨어지고 맛이 없어질 뿐이다. 따라서 포장지에 인쇄된 유통 기한은 무시하고, 일단 마셔 보고 맛이 없으면 버리고 마실 만하면 마시면 되는 것이다. 이 신선도가 떨어지는 속도는 산화를 시키지 않은 녹차와 산화를 시킨 홍차가 다르며 이런 차이가 유럽에서 홍차가 더욱 유행하게 된 주요한 이유 중 하나다. 중국에서 유럽까지 거의 1~2년이 걸리는 당시의 운송 기간을 고려할 때 유럽에 도착했을 때 더 맛있는 차는 산화를 시키지 않은 녹차보다 산화시켜 신선도가 떨어지는 속도가 느렸던 홍차였던 것이다.

차를 유럽에 가져간 최초의 사람들은 포르투갈 사람일 것이라고 추정한다. 하지만 최초의 기록은 1610년 네덜란드인들이 암스테르담으로 가져간 것이었고 이 차는 녹차였다. 아직 홍차는 탄생하기 전이었다. 녹차가 유럽으로 전해진 뒤 30~40년이 지난 17세기 중반 무렵 푸젠 성 우이산 일대에서 오늘날로 치면 우롱차, 즉 부분산화차가 만들어지기 시작했고, 이것 또한 유럽으로 갔다. 부분산화를 시켰기 때문에 산화를 전혀 시키지 않은 녹차보다 상대적으로 더 신선하고 더 맛있었다. 유럽인들이 부분산화차를 더 선호하게 되자 우이산의 차 생산자들은 '산화'를 점점 더 많이 시키게 되었고 결국 100퍼센트 산화시킨 홍차가 만들어지게 된다. 이것이 홍차 탄생에 관한 차 역사학자들의 일반적 견해다.

'산화'의 개념을 이해하고 부분산화차를 만들었지만 17세기 후반에서

우이산

우롱차

18세기 무렵의 우이산 일대에서는 유럽인들이 선호하는 홍차(당시 유럽인들은 이 차를 보헤아라고 불렀다)를 만들어 수출하는 데 주로 집중했다.

우리가 오늘날 알고 있는 우롱차가 본격적으로 발전하기 시작한 것은 19세기 초반이 지나면서였다. 즉 영국인들이 인도에서 홍차를 만들 수 있다는 위기감이 중국, 그중에서도 홍차 수출에 전념해왔던 푸젠 성에서 확산되면서 기존에 홍차를 만들어 수출해왔던 중국인들은 대안을 찾기 시작했고 이 무렵부터 본격적으로 우롱차가 발전하기 시작했다. 오늘날까지도 가장 유명한 우롱차 중 하나인 무이암차(우이암차), 그중에서도 소위 "4대 명총"이라 불리는 대홍포, 철라한, 백계관, 수금귀가 정해진 것이 1850년대 무렵이었다.

근래에 들어와서는 인도와 스리랑카 등 기존의 홍차 생산국들이 녹차와 백차의 생산량을 급격히 늘리고 있는 추세다. 이들에 비해 우롱차 생산은 미미한데 이는 가공 과정의 어려움 때문이 아닌가 생각된다.

이론적으로 녹차는 산화도가 '0퍼센트'이며 홍차가 '100퍼센트'라면 우롱차는 10~80퍼센트 사이에 있다. 이 숫자가 나타내듯이 우롱차의 맛과 향의 스펙트럼은 아주 넓고 그만큼 가공 과정도 복잡하며 변수도 많다. 여기에 다양한 차나무 품종까지 더해져 수많은 종류의 우롱차가 있는 것이다.

녹차: 채엽 – 살청 – 유념 – 건조

홍차: 채엽 – 위조 – 유념 – 산화 – 건조 – 분류

우롱차: 채엽 – 위조 – 주청 – 살청 – 유념(포유) – 건조 – 홍배

단순하게 비교해봐도 우롱차의 가공 과정은 녹차나 홍차에 비해 다소 복잡하다. 주청, 포유, 홍배처럼 녹차와 홍차에는 없는 과정이 있을 뿐만 아니라 밖으로는 동일하게 보이는 단계라 할지라도 실행 과정은 아주 다양하다.

이런 다양한 가공 과정을 거쳐서 만들어지는 우롱차의 종류에는 다음과 같은 것들이 있다.

대홍포, 철라한, 육계, 수선, 백계관, 수금귀, 봉황단총(혹은 밀란향, 계화향, 행인향 등), 철관음, 황금계, 동방미인, 아리산 우롱, 문산포종, 동정우롱, 목책철관음. 이들이 비교적 많이 알려진 우롱차다. 이렇게 다소 정신없어 보이는 우롱차 나열이지만 이들을 구분하는 기준이 있는데 그중 하나가 생산 지역에 따른 분류다.

생산지를 기준으로 민남 우롱, 민북 우롱, 광둥 우롱, 타이완 우롱으로 크게 네 지역으로 구분하는 것이다. 민남과 민북은 푸젠 성을 남북으

우롱차

로 나눈 것이고 광둥 우롱은 광둥 성에서 생산되는 것, 타이완 우롱은 타이완에서 생산되는 것이다.

위에 나열된 우롱차를 이들 네 지역을 기반으로 분류하면 다음과 같다.

민북 우롱: 대홍포, 철라한, 백계관, 수금귀, 육계, 수선
민남 우롱: 철관음, 황금계
광둥 우롱: 봉황단총
타이완 우롱: 동방미인, 아리산 우롱, 문산포종, 동정우롱, 목책철관음

이들 네 지역은 각 지역별로 타 지역과는 구별되는 나름의 특징들이 있기 때문에 이들을 중심으로 대표 우롱차를 알아보겠다. 우롱차의 가공 과정은 필자의 『홍차수업』에 자세히 나와 있으므로 여기서는 아주 간략히 설명하겠다.

대홍포
기명연구소

우롱차

민북 우롱은 푸젠 성 우이산 일대에서 생산 되는 우롱차를 지칭하는 것으로 우롱차의 산화 정도가 10~80퍼센트 수 준이라고 할 때(이 숫자는 이해를 돕기 위한 것이고 실제로 정확히 숫자로 나타 낼 수는 없다) 대체로 80퍼센트에 가까운, 즉 산화가 가장 많이 된 우롱차 들이 여기에 속한다.

우이산에서 생산되는 차들을 무이암차 혹은 무이명총이라고도 하는데 가장 널리 알려진 것이 대홍포다. 무이암차라고 불리는 까닭은 우이산이 석회암으로 된 커다란 바위들로 이루어져 있고 차나무들은 이 바위들 틈 의 좁은 공간에서 주로 자라며, 이러한 환경 탓에 차나무가 바위의 영향 을 많이 받는다고 여기기 때문이다. 현지에 가보면 이 말이 결코 과장이 아님을 알 수 있다. 정말 엄청난 크기의 바위 암벽 아래 혹은 암벽들 사 이에서 차나무들이 자라고 있다.

엄청난 크기의 바위틈 사이에서 차나무들이 자란다.

홍배실의 모습

재 속에 달아오른 숯이 보인다.

숯불 위에 놓여 있는 찻잎

짙은 검은색의 찻잎은 다소 크고 부피가 있으면서 느슨하게 보여 아주 단단히 유념이 된 것 같지는 않다. 이런 형태를 조형이라 하는데 나뭇가지처럼 생겼다고 해서 가지 條를 쓴다. 수색은 아주 맑고 옅은 적색이다. 구운 복숭아 향이라고 흔히들 표현하는 깔끔하고 우아하면서도 지나침이 없는 과일 향 같은 것이 올라온다. 또 하나의 향은 '불'과 관련 있는 향이다. 딱히 표현은 어렵지만 밥을 좀 심하게 태웠을 때 나는 냄새인데 우리 집 부엌이 아니라 옆집에서 태운 냄새가 우리 집까지 날아온 것처럼 아득하다. 그런데 그냥 날아온 것이 아니고 도중에 마당에 핀 꽃향기와 섞여서 마침내는 묘한 매력을 가진 향으로 변해버린 것 같다.

맛에도 이 향이 거의 그대로 녹아 있다. 수색만큼이나 깔끔한 맛이면서도 맛에 빈틈이 없이 뭔가가 꽉 차 있다. 이런 특이한 맛과 향을 무이암차의 특징인 암운嚴韻 혹은 암골화향嚴骨花香이라 부르는데 바위의 중후함과 꽃의 화려함을 갖고 있다는 뜻이다.

이런 특징들은 우이산이 가지고 있는 테루아와 차나무 품종 그리고 강한 산화, 강한 홍배를 포함하는 가공 과정에서 오는 것이다. 위에서 언급

우롱차

한 '불' 향은 이 홍배의 영향이다. 홍배烘焙는 건조 목적 외에 차에 맛과 향을 더해주는 역할을 하는데 건조까지 마쳐 일단 완성된 차를 다시 대나무 바구니 같은 곳에 담아 숯불의 은근한 열 위에 두는 과정이다. 짧게는 한두 시간에서 길게는 수십 시간에 이르는데, 차의 맛과 향에 많은 영향을 주며 가공자의 실력이 발휘되는 단계이기도 하다. 일반적으로 민북 우롱은 강한 홍배를 특징으로 한다. 5분을 우렸음에도 엽저가 제대로 펴지지 않는 것은 이 홍배의 열기로 인한 것이다.

가장 홍차에 가까운, 그리고 무이암차를 대표하여 '차왕'이라고도 불리는 대홍포를 경험해보기를 바란다.

(필자가 시음한 것은 우이산 방문 시 현지에서 구입한 것으로 한국에서도 비교적 많이 알려진 왕순밍 씨가 운영하는 기명연구소에서 생산한 것이다. 비교적 적절한 가격에 믿을 수 있는 대홍포를 구입할 수 있는 곳은 홍콩 브랜드인 푸밍탕福茗堂을 추천한다.)

INFORMATION

구입 방법　　www.fookmingtong.com(직구 가능)
우리는 방법　　400ml / 3.0g / 5분 / 펄펄 끓인 물

청향극품 철관음
밍차

네덜란드를 통해서 차를 구입하던 영국이 1689년이 되어서야 처음으로 직접 중국에 와서 차를 구입했는데 그곳이 바로 아모이 항, 즉 오늘날의 샤먼(하문)이다. 샤먼은 아편전쟁 이후 맺어진 난징 조약으로 중국이 개항한 다섯 개의 항구 중 하나이기도 하다. 이 항구도시 샤먼에서 북쪽으로 조금 들어간 내륙에 위치한 곳이 민남 우롱의 중심지인 안시安溪 지역이다. 이곳의 이름을 따서 안시(안계) 철관음이라고 불리는 것이 우리나라를 포함해 중국 바깥에서는 가장 널리 알려진 우롱차일 것이다. 이외에도 황금계, 모해, 기란 등 다른 우롱차도 생산되지만 일반인들은 안시 철관음과 잘 구별할 수 없을 정도로 맛과 향이 비슷하다.

푸르고 가볍고 신선하고 향기로운 향을 특색으로 하는데 이를 철관음을 대표하는 청향淸香이라고 한다.

암운 혹은 암골화향이라 불리는 대홍포와의 아주 큰 차이는 테루아와 차나무 품종이라는 기본 조건에 대홍포와는 달리 산화도 약하게 하고 홍배도 약하게 하는 등 가공 과정이 다르기 때문이다. 다르질링 FF와 SF와의 관계에서도 알 수 있듯이 산화를 적게 할수록 대체로 찻잎 자체의 푸르고 신선한 향은 더욱 많이 발현되는 것이다. 또한 홍배도 '불' 힘이 차의 맛과 향에 영향을 주는 정도가 아니라 맛과 향을 돋우는 정도로 약하게 하는 것이다.

산화와 홍배를 이렇게까지 약하게 한 것은 근래의 일이며 철관음도 소위 원조는 맛과 향이 다소 강해 이를 농향濃香이라고 표현한다. 철관음 포장지에 보면 이 농향과 청향을 구별해놓은 경우가 많다. 하지만 이 차이는 우리가 생각하는 정도로 크지는 않다. 같은 다르질링 FF이지만 산화를 좀더 많이 하고 적게 한 정도의 차이라고 보면 될 것 같다.

찻잎은 뭉쳐진 형태이며 이 모양을 구슬처럼 생겼다고 해서 주珠형이라고 한다. 하지만 구슬 모양이라고 하기엔 너무 거친 외형이다. A4용지를 주먹으로 대충 뭉친 것을 축소해놓은 형태가 좀더 정확한 묘사일 것이다.

주청은 찻잎을 흔드는 요청과 일정 시간 가만히 두는 정치 과정으로 이루어져 있다.

현대식 요청기

짙은 녹색과 옅은 녹색이 섞여 있는데 찻잎 각각이 다르기도 하고 뭉쳐진 찻잎 하나도 색상이 부분적으로 다르기도 하다. 어쨌든 신기한 것은 뭉쳐진 이 작은 찻잎이 우려지면서 완전한 모습의 커다란 찻잎으로 변한다는 사실이다.

아주 옅은, 연두색이 비칠 듯 말 듯한 수색이다. 이 수색만큼이나 화사하고 푸른 향이 올라온다. 다르질링 FF의 향과는 분명 다른 묘한 푸른 향이다. 다르질링 FF가 대학에 막 입학한 미술학도가 그린 푸른 초원이라면 이건 교수가 그린 푸른 초원인 것 같다. 더 좋다 나쁘다는 의미가 아니라 복합미에서 차이가 있는 것이다. 푸른 향만 있는 것이 아니라 여리고 섬세한 무엇인가가 더 많이 있다. 바디감 자체는 그렇게 강하지 않으면서도 입 안을 가득 채우는 힘이 있다. 혀끝에서 느껴지는 맛과 향이 아니라 입안 깊숙이에서 느껴지는 맛과 향이다. 정말 표현 그대로 청향清香이다. 엽저는 거의 푸른색의 온전한 찻잎의 형태를 유지하고 있는데, 우롱차의 대표적인 특징 중 하나인 '녹엽홍양변', 즉 잎의 가장자리는 붉은색이며 안쪽은 푸른색을 띠는 현상이 거의 보이지 않는다.

이 녹엽홍양변은 주청의 결과인데 주청은 우롱차 가공 과정의 핵심 중 하나로 찻잎을 대나무 등으로 만든 채반 위에 놓고 전후좌우로 흔들어 찻잎의 가장자리가 채반의 거친 면에 긁혀 상처가 나게 하는 것이다. 이 상처에서 흘러나온 세포액이 산화를 촉진해 이 부분이 붉게 변하는 것이다. 일종의 부드러운 유념 과정으로 보면 된다. 따라서 엽저에 적색 부분이 없다는 것은 주청이 매우 약하게 되었다는 뜻이고 산화 또한 약하게 된 것이다.

이 청향 철관음의 맛과 향에 대한 설명은 엽저에서도 찾을 수 있는 것이다. 기회가 되면 농향 철관음과 청향 철관음을 비교해서 마셔보기를 권한다.

INFORMATION

중량	120g
가격	360홍콩 달러
구입 방법	www.mingcha.com(직구 가능)

(밍차明茶는 홍콩 브랜드로 적당한 가격에 비교적 고품질의 중국 차를 판매하고 있다.)

우리는 방법 400ml / 3.0g / 5분 / 펄펄 끓인 물

봉황단총(옥란향)

봉황단총

봉황단총은 광둥 성 차오저우潮州 차오안潮安 현에 위치한 펑황鳳凰산 주위에서 자라는 차나무의 잎으로 만든 차다. 푸젠 성의 안시 지역에서 남쪽으로 그렇게 멀지 않은 곳에 위치한다. 단총單叢은 한 그루의 차나무 잎으로만 만든 차라는 뜻이다. 즉 한 그루씩 따로 채엽하고 제다한다는 것이 원래의 뜻이나 지금은 한 품종의 차나무에서 채엽하고 가공한다는 뜻도 가지고 있다.

따라서 봉황단총은 하나의 차 이름을 가리키는 것이 아니라 펑황산 인근에서 생산되는 차 전체를 지칭한다.

봉황단총의 가장 큰 특징은 꽃 향과 과일 향이 뛰어나다는 것이다. 이런 연유로 봉황단총은 각각의 차가 갖는 특유의 향을 기준으로 구분되고 이름도 정해진다.

수많은 맛과 향이 있지만 대표적인 10가지를 일반적으로 다음과 같이 뽑는다.

황지향, 지란향, 밀란향, 계화향, 옥란향, 유화향, 행인향, 육계향, 야래
향, 강화향.

따라서 봉황단총을 지칭할 때는 봉황단총 황지향, 봉황단총 행인향,
봉황단총 계화향 이런 식으로 부르는 것이 맞다. 봉황단총을 구입할 때는
"봉황단총 무슨 향 주세요" 하거나 아니면 파는 사람도 "어떤 향을 찾으
시나요"라고 물어봐야 하는 것이다. 옥란향은 목련꽃 향(혹은 함박꽃 향),
행인향은 살구씨 향 이런 식으로 각각의 향을 나누지만 필자에게는 솔직
히 구별하는 것이 쉽지 않다. 다만 복숭아 향은 분명히 맡을 수 있다.

찻잎 하나하나가 매우 커 보인다. 조형에 속하지만 대홍포처럼 약간 구
부러진 곡조형이 아니라 쭉 뻗은 직조형이다. 큰 찻잎이 길이 방향으로 말
려 있다. 유념이 강하게 된 것 같지는 않지만 매우 단단해 보인다. 짙은
갈색에 밝은 갈색이 섞여 있다. 외형이 워낙 특색이 있어 쉽게 구별할 수
있다.

수색은 정말 보기 드물게 투명하고 예쁜, 딱 호박색 그 자체다. 정말 이
런 향이 가향이 아니고 차 자체에서 난다는 것이 믿기지 않는다. 어디선

가 분명히 맡아본 꽃 향이다. 다르질링 FF의 향도 아니고 철관음의 향도 아니다. 이들의 탁월한 향은 적어도 차나무 잎에서 오는 거라는 느낌이 든다. 하지만 이 봉황단총의 향은 찻잎 자체에서 오는 것이 아니라 오래 묵힌 최고의 와인이나 푸얼차에서, 원래의 포도나 찻잎과는 관계없이 새로운 향이 만들어지는 것과 같은 그런 향이다. 실제의 향과는 아무런 관계없이 하얀색 옥잠화가 자꾸 떠오른다.

바디감은 있지만 입안에 닿는 차의 촉감이 마치 솜사탕을 입안에 넣었을 때처럼 부드럽다. 맛에도 이 향이 그대로 들어 있다. 삼키는 것이 아깝다는 생각이 들 정도로 기분이 좋다.

특이한 것은 5분을 우렸음에도 약하게 유념된 찻잎치고는 잎이 펴지지 않은 채 거의 마른 찻잎 형태를 유지한다는 것이다. 정확히는 알 수 없지만 홍배의 영향인 것 같다.

두 번째 우리고 나서야 찻잎이 펴진다. 10분 이상 우렸다는 뜻이다. 필자는 우롱차도 홍차와 같이 티포트에 400밀리리터에 2~3그램 비율로 넣고 5분 우린다. 두 번째라는 말은 처음 우리고 난 찻잎을 동일한 조건에 한 번 더 우렸다는 뜻이다. 좋은 다르질링 FF나 철관음 그리고 이런 봉황단총은 두 번째 우려서 차갑게 해서 마시면 탁월한 아이스티가 된다. 단지 두 번째 우릴 때는 2~3시간 정도 뒤도 상관없다.

엽저는 언뜻 보면 초장에 찍어 먹기 위해 잘라놓은 미역처럼 보인다. 거의 온전한 잎이었던 앞의 철관음과는 달리 절반 정도 크기로 잘렸다. 그리고 찻잎의 모양 자체가 다르다. 심하지는 않지만 부분적으로 적색이 보인다.

만드는 과정을 상상해보지만 쉽지가 않다. 그냥 이 황홀한 맛과 향을 즐기고 싶다.

실제로 시음한 것은 필자가 선물 받은 것으로 품질이 아주 훌륭했다. 옥란향이 아니더라도 믿을 만한 봉황단총을 구입할 수 있는 곳으로 홍콩의 밍차를 추천한다.

INFORMATION

구입 방법   www.mingcha.com(직구 가능)
우리는 방법   400ml / 3.0g / 5분 / 펄펄 끓인 물

아리산 우롱

푸밍탕

민북 우롱, 민남 우롱, 광둥 우롱은 맛과 향은 말할 것도 없고 산화 정도나 홍배 정도, 찻잎의 형태 등 외형으로도 어느 정도 구분이 될 정도로 특색이 뚜렷하다. 어떻게 보면 타이완 우롱은 이들 세 지역 우롱차의 모든 특색을 다 아우르는 아주 다양한 우롱차의 세계를 보여주는 것 같다.

오랜 전통의 문산포종, 동방미인, 동정우롱에서부터 시작하여 1980년대 초부터 새로운 트렌드를 만들고 있는 고산지대의 아리산, 리산, 대우령에 이르기까지 산화 정도나 외형 등에서 제각각의 특징이 있다.

안개와 구름으로 인한 적절한 습도 공급 및 햇빛 차단 효과, 일교차가 심한 서늘한 기후 등의 테루아를 최대한 활용한 타이완의 고산 우롱차는 약한 산화, 가볍고 신선하고 섬세한 뉘앙스의 맛과 향을 특징으로 한다.

사실 가볍고 신선하고 푸른 맛과 향을 강조하는 것은 차茶에 있어서의 전 세계적인 현상이기도 하다.

아리산의 다원

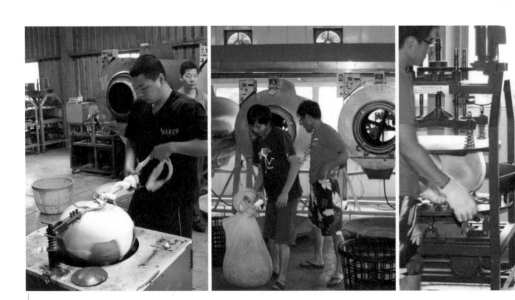

포유 과정

외형은 옅은 녹색과 짙은 녹색이 조화되어 있다. 단단하게 말려 있어 포유가 강하게 된 것 같다. 둥글게 뭉쳐진 찻잎에 줄기가 마치 꼬리처럼 삐죽이 나와 있다.

둥글게 말려 있는 잎들의 작은 덩어리 3그램 남짓이, 우려지면서 활짝 펴져 유리 티포트를 가득 채우는 모습은 아리산 우롱의 특징 중 하나다. 그리고 삐죽이 나와 있던 줄기에는 찻잎들이 2~3개씩 매달려 있다.

마치 연노랑처럼 보이는 수색이다. 맑고 투명하다. 철관음 수색과 비슷한 것 같기도 하다. 아리산 우롱 또한 다르질링 FF와도 다르고 철관음과도 다른 저 나름의 오묘한 향을 지닌다. 돌출되는 향이라기보다는 은근한 향이다. 수색의 맑고 투명함에 비해서는 바디감이 상당한 편이다. 맛 또한 공격적이지 않아 마시기에 부담이 없다. 엽저에는 전형적인 '녹엽홍양변'이 보인다. 즉 주청이 제대로 되었다는 증거다. 작은 잎 뭉치 몇 개를 넣었는데 유리 티포트가 가득 찰 정도로 포유 또한 강하게 되었다. 그 작은 뭉치에 잎 2~3개가 줄기를 중심으로 뭉쳐 있는 것이다.

포유包揉는 찻잎을 사각형의 하얀 천에 담아 축구공처럼 싸서는 이것을 회전하면서 위아래에서 압력을 가하는 기계에 넣었다 뺐다를 반복하면 찻잎이 둥글게 되는 과정이다. 이를 많이 하면 할수록 찻잎은 더 단단히 말리는 것이다.

비슷한 주형이지만 안시 철관음에 비해서는 아리산 우롱이 훨씬 더 단단히 뭉쳐진 것은 이 포유 정도의 차이에서 온다. 주형의 우롱차를 만들 때는 이 포유가 유념을 대신하는 경우도 많다.

그리고 우롱차 가공 과정에서 포유와 유념은 산화효소를 불활성화시키는 살청 이후에 하기 때문에 산화 정도에는 영향을 미치지 못하고 마치

녹차에서의 유념 역할처럼 잘 우러나게 한다든지 혹은 주형과 조형의 최종적인 형태를 결정하는 역할만을 한다.

(필자가 가지고 있는 푸밍탕의 철관음 제품명과 동일한 제품명이 현재의 판매 목록에는 없지만 약 10개 정도의 다른 다양한 가격대의 철관음 제품이 있다.)

INFORMATION

구입 방법　　www.fookmingtong.com(직구 가능)
우리는 방법　400ml / 3.0g / 5분 / 펄펄 끓인 물

tea

제8장

백차

백차는 북송의 마지막 황제 휘종이 좋아했다는 기록이 있을 정도로 역사가 오래된 차다. 물론 그 당시의 백차는 오늘날의 백차와는 다른 것으로 알려져 있다. 현재 중국 푸젠 성에서 생산되는 정통 백차인 백호은침은 18세기 말~19세기 초 무렵 처음 등장했다.

하지만 하얀 솜털로 덮인 크고 튼실한 싹을 가진 품종인 푸딩 대백종과 정허 대백종이 19세기 중후반 개발되면서부터 오늘날 우리가 알고 있는 백호은침의 명성을 갖게 되었다. 푸딩福鼎과 정허政和는 푸젠 성 동북쪽에 있는 백차 생산지로 유명한 지역이다.

백호은침은 차나무의 싹만을 채엽하여 위조와 건조라는 매우 단순한 방법으로 가공한다. 녹차에 있는 살청도 없고, 홍차에 있는 산화도 없으며, 녹차와 홍차 모두에 있는 유념 과정도 없다. 따라서 백호은침의 외형은 하얀색 솜털이 촘촘히 붙어 있는, 가벼운 녹색을 띤 하얀 싹의 모습이 거의 그대로 유지되고 있다.

백차

정허 지역의 대백종 차나무 다원

이렇게 만들어진 차를 80~90도 전후의 그렇게 뜨겁지 않은 물에 6~8분 길게 우리면 물의 색과 거의 구별되지 않는 희미한 연노랑, 연푸른 수색의 차가 만들어진다.

문제는 이 수색만큼이나 맛과 향 또한 모호하다는 것이다. 백호은침을 모르는 사람이 단지 이름에 매혹되어 티숍에서 주문했다가는 돈이 아까울 수도 있다. 백호은침은 차를 많이 마셔 미각이 훈련된 사람만이 느낄 수 있는 미묘함을 가진 차다. 결코 편하게 마실 수 있는 차는 아니다. 그리고 그렇게 자주 마셔지는 차도 아니다.

이런 단점 아닌 단점을 극복하기 위해 소위 현대식 백차라는 것이 등장했다. 20세기 초반에 만들어진 백모단과 중반에 만들어진 수미다. 상징적인 백차가 백호은침이라면 백모단과 수미는 어쩌면 실용적인 백차인지도 모른다. 백모단과 수미가 훨씬 맛있고 접근하기 쉽다. 게다가 가격 또한 저렴하다.

위조 중인 백호은침

실론 실버 팁
트와이닝

　　　　　　미국의 한 건강 전문 사이트가 백차white tea 가 체중 감량에 좋은 7가지 이유를 꼽았다는 뉴스를 읽은 적이 있다. 이 처럼 미국과 유럽에서는 백차가 건강, 특히 다이어트에 좋은 음료로 알 려져 있어 결코 쉽지 않은 이 차가 인기를 끌고 있다고 한다. 이들이 말 하는 백차가 정확히 무엇인지는 알 수 없지만 만일 백차 중 가장 대표적 인 백호은침, 그것도 푸젠 성에서 생산되는 정통 백호은침이라면 가격이 결코 만만치 않을 뿐만 아니라 물량도 그렇게 많지 않아 구하기가 어려 울 것이다.

　　이런 연유에서인지 현재는 중국에서도 원래의 생산지인 푸젠 성 말고 도 안후이 성을 포함한 여러 지역에서 소위 백호은침 스타일의 백차가 생 산되고 있다. 뿐만 아니라 전 세계의 많은 지역에서도 백호은침 스타일의 백차를 생산하고 있는데, 인도의 닐기리, 아삼, 다르질링 그리고 스리랑 카와 케냐 등이다. 이전에 다르질링 다원을 방문했을 때 자신들이 생산한 백차를 필자 일행에게 선보인 것은 품질을 검증받고 싶은 혹은 자랑하고 싶은 의도였던 것 같다.

이 중에서 스리랑카에서 생산되어 실론 실버 팁Ceylon Silver Tips이라 불리는 백호은침 스타일의 백차가 품질 면에서 상당히 인정을 받고 있다.

게다가 구입하기가 용이하고 가격 또한 합리적인 것이 매우 큰 장점이다. 물론 푸젠 성에서 생산된 좋은 품질의 백호은침은 더 좋겠지만 구입이 쉽지 않고 가격 또한 높다는 것이 큰 단점이다.

한편 백차의 종주국인 중국은 이런 상황에 위협을 느껴서인지 최근에는 마치 푸얼차처럼 오래된 백차가 좋은 것이라는 새로운 주장을 펼치고 있다. 오래된 백차는 중국만이 가질 수 있으며 다른 나라에서는 따라올 수 없는 장점이 되기 때문에 이런 주장을 하는 것일지도 모른다.

실론 실버 팁

회색빛을 띤 흰색의 찻잎이 아주 간결하다. 부스러기는 거의 없다. 찻잎 하나하나가 아주 단단해 보인다. 돋보기로 자세히 보면 단단해 보이는 찻잎의 바깥에 솜털이 촘촘하게 붙어 있다. 수색은 정말 일반적인 물의 색깔이다. 아주 약간, 노란색과 회색 중간 정도의 색이 있을까 말까 한

정도다. 달콤한 솜털 향이 아주 연하게 올라온다. 한 모금 마시니 오히려 솜털 향이 더 느껴진다. 바디감은 상당히 있다. 동시에 아주 섬세하고 고급스러운 단맛이 입안 전체에 느껴진다. 7분을 우렸음에도 떫은맛은 전혀 없다.

상당히 식었는데도 엽저에는 약간 싸한 어떤 향과 함께 달콤한 솜털 향이 남아 있다. 마른 잎과 동일하게 깔끔하며 싹의 모습을 그대로 온전히 가지고 있다.

백호은침 유의 백차는 마음의 준비를 하고 마셔야 하는 차다. 그냥 차가 마시고 싶을 때 마시면 다소 실망하고 허전할 수도 있다. 구입하기 전에 반드시 지인이나 차를 가지고 있는 사람에게 부탁해서 한 잔 먹어보기를 권한다. 구입은 그때 결정해도 늦지 않다.

영어 표기는 여러 가지가 있다. 백호은침을 바이하오인전Bai Hao Yin Zhen 혹은 인전Yin Zhen이라고도 표기하고, 실버 팁Silver Tips 혹은 실버 니들Silver Needles이라고도 한다.

INFORMATION

구입 방법   현재 트와이닝 홈페이지에서는 판매하지 않고 있지만 다양한 브랜드에서 실론 실버 팁을 판매하고 있어 구입하기 어렵지 않다.

우리는 방법   400ml / 3.0g / 5~7분 / 끓인 후 식힌 물(85~90℃)

백모단
로네펠트

백호은침의 섬세함을 부담스러워 하는(?) 서양인들이 좀더 쉽게 접근할 수 있도록 푸젠 성의 차 생산자들이 1920년대에 새로 개발한 것이 바로 현대식 백차라고 불리는 백모단白牡丹, Pai Mu Tan이다.

가장 큰 차이는 싹뿐만 아니라 잎도 포함시킨다는 것이다. 즉 같은 대백종 차나무의 싹과 잎을 사용하되 가공 방법은 백호은침과 동일하다. 따라서 외형이 확연히 다르다. 싹뿐만 아니라 푸릇푸릇한 잎도 포함되어 있고 유념을 하지 않아 같은 무게라도 부피가 매우 크다. 일반적으로는 잎에 대한 싹의 비율이 높을수록 좋은 품질이다.

전 세계의 유명 차 회사들은 거의 모두 (백호)은침과 더불어 다양한 등급의 백모단을 판매하고 있다. 백모단이 서양인들에게 인기가 있는 이유는 가격도 물론 저렴하지만 무엇보다 선명한 맛 때문인 것 같다. (백호)은침의 달콤함과 미묘함이 조금 더 강하게 발현되고 포함된 잎에서 오는 약

정허 지역 백차 생산 공장에서 백모단을 채로 쳐서 크기별로 구분하고 있다.

간 부드러운 풋풋함이 녹차의 느낌도 준다. 물론 (백호)은침의 미묘한 섬세함은 희생될 수밖에 없다.

2.5그램 정도만 해도 부피가 상당히 크다. 전체적으로는 연푸른색이지만 푸르름의 층이 다양해 보인다. 물론 하얀색 싹도 군데군데 포함되어 있다. 차를 모르는 사람이 보면 유념도 제대로 하지 않고 만든 녹차처럼 어설프게 보일 수도 있겠다. 건조한 찻잎에서는 다소 거친 신선한 향이 살며시 난다.

수색은 옅은 황금색으로 아주 밝고 예쁘다. 향에도 색이 있다면 연두색이 많이 섞인 푸른색이라고 말하고 싶다. 그렇지만 녹차의 푸릇푸릇한 신선한 향이나 다르질링 FF의 꽃 향 같은 것은 없다. 바디감은 상당히 있지만 거친 감은 전혀 없이 매우 부드럽다. 푸르고 싶고 뛰쳐나오고 싶은 맛과 향을 뭔가가 감싸고 있는데 이 역할을 싹이 하고 있다는 느낌이다. 어쩌면 이 절제된 미묘함이 백모단의 매력인지도 모른다. 부잣집 친구의 화려함을 부러워하면서도 내면으로는 자존감과 당당함으로 꽉 차 있는 넉넉하지 않지만 교양 있는 집안의 딸과 같은 느낌을 주는 차다.

백모단

엽저는 다양한 녹색의 향연이다. 톤이 다른 연푸른색 찻잎 조각들이 마구 뒤섞여 있다. 군데군데 라임색을 띤 온전한 모습의 싹도 보인다.

이 시음기를 쓰면서 차가 너무 좋아 나도 모르게 긴장되어 엉덩이가 의자에서 들썩거린다. 혹 백모단을 마셔보지 않은 분이 있다면 꼭 추천한다. 정말 좋은 차다.

INFORMATION

중량	100g
가격	8.4유로
구입 방법	www.tee-kontor.net(직구 가능)
우리는 방법	400ml / 3.0g / 5분
	끓인 후 식힌 물(90℃ 정도)

백차

특급 수미
밍차

처음 홍차를 공부할 때 궁금했던 것 중 하나가 백차 티백 제품이었다. 분명 매우 비싼 것이 백차라고 했는데, 어떻게 티백 제품으로 만들 수 있을까. 그리고 어떻게 그렇게 싼 가격으로 판매할 수 있을까? 필자에게 홍차 공부는 이렇게 상식적으로 이해되지 않는 것들을 해소해가는 과정이었던 것 같다.

티백 제품에 들어가는 백차는 대부분 위에서 언급한 백모단(아마도 낮은 등급) 그리고 수미다. 삼각 티백이나 모슬린 티백에 푸른색을 띤 잎차가 들어 있는 경우는 대개 백모단일 가능성이 높고 일반 티백 제품 속에 아주 작은 입자로 된 것은 수미일 가능성이 높다. 그리고 이런 백차는 대부분 가향차인 경우가 많다.

수미壽眉는 백모단과도 다른 것으로, 기본적으로는 싹은 포함되지 않고 대백종 차나무의 잎으로만 만든다는 것이 그 차이다.

백호은침과 백모단의 생산이 끝나고 시간이 지나 잎이 점점 더 자라난 늦은 봄에 수미를 생산한다. 몸의 온도를 낮춰주는 수미는(일반적인 백차의 특징이기도 하지만) 가격도 저렴해 날씨가 더운 홍콩의 식당이나 찻집에서 매우 인기가 있고, 이런 곳에서의 수요를 맞추기 위해 가볍게 유념하고 가볍게 산화시켜 맛을 강하게 하여 1960년대부터 생산하기 시작한 것이다. 이렇게 생산된 비교적 낮은 가격의 수미가 위에서 언급한 대로 티백이나 가향차 생산에 사용되고 녹차, 우롱차, 홍차 등과도 블렌딩된다.

초기에는 수미와 비슷하면서 다소 고급으로 여겨진 공미貢眉도 있었는데, 현재 공미는 유명무실해졌다.

2014년 여름 푸젠 성 정허 지역의 백차 생산 공장에 갔을 때 백호은침은 물론 거의 낙엽처럼 보이는 찻잎을 위조하고 있는 것을 봤다. 수미를 만들기 위한 찻잎이었다. 이 공장에는 수미 생산을 위한 유념기도 많았다.

유럽의 홍차 회사에서는 수미는 매우 드물게 판매한다. 홍콩 브랜드인 밍차에서 수미를 구입했다.

찻잎은 차마 차라고 하기에는 민망한 모습이다. 유념은 거의 안 된 것 같고 그냥 "말라비틀어진 푸르기도 하고 갈색을 띠기도 하는 찻잎들"이라고 표현하는 것이 맞을 듯하다. 싹도 몇 개 보이기는 한다.

수색은 정말 예쁜 호박색으로 아주 맑고 깨끗하다. 향에서는 전형적인 백차 특유의 향이 난다. 맛에서도 백차 특유의 맛이 난다. 그리고 참 맛있다. 바디감이 적당하며 특이하게도 입안에 와 닿은 느낌이 아주 섬세하고 맑아 기분이 좋아진다. 백모단에서 나는 푸르고 신선한 맛은 덜하지만 담백한 맛은 더 있는 것 같다. 싹이 적은 게 이유겠지만 백호은침의 솜털향이 훨씬 덜하다. 필자에게는 이것이 훨씬 더 담백하게 다가온다. 이 허술한 외형의 차에서 이런 훌륭한 맛과 향이 나온다는 것이 정말 뜻밖이

위조 중인 수미

다. 엄청난 반전이다.

계급장 떼고 맛과 향으로만 백호은침과 수미 중 하나를 선택하라면 필자는 수미를 선택할 것 같다. 비싼 백호은침에 만족하지 못한 분들께 꼭 추천하고 싶다.

채엽 시기도, 찻잎의 형태도, 가공 방법도 상당히 다르지만 백호은침, 백모단과 같은 집안의 백차임을 알 수 있는 것은 결국 같은 대백종 품종에, 같은 푸젠 지역에서 생산되었다는 공통점으로 인한 것이라고 설명할 수밖에 없을 듯하다. 오랫동안 선입견을 갖고 있었던 수미에게 미안한 마음이 든다.

다만 염두에 두어야 할 것은 원래 수미는 백차를 아주 싸게 만든다는 취지로 생산됐다. 하지만 이번에 시음한 밍차의 수미는 가격(100그램으로 환산하면 약 2만9000원)이 결코 낮은 편이 아니다. 따라서 비록 수미이기는 하지만 최고급 제품이라고 생각된다. 따라서 필자 스스로도 이것이 수미의 일반적인 맛과 향이라고는 여기지 않고 있다.

INFORMATION

중량	40g
가격	78홍콩 달러
구입 방법	www.mingcha.com(직구 가능)
우리는 방법	400ml / 3.0g / 5분 / 펄펄 끓인 물

tea

제9장

허브차

캐모마일, 페퍼민트, 히비스커스, 로즈힙, 로즈메리, 라벤더 그리고 각종 베리Berries 등의 건조한 꽃잎, 뿌리, 줄기, 열매, 씨앗 등으로 만든 것을 허브차라고 한다. 허브차Herbal Tea라고 부르지만 엄격한 의미에서는 차Tea라고 할 수 없다. 차는 카멜리아 시넨시스라는 차나무의 싹이나 잎으로만 만든 것을 일컫기 때문이다. 우려낸, 달여낸 즙이란 뜻의 인퓨전Infusion이나 티젠Tisane이 좀더 적합한 용어라는 의견이 많다. 하지만 허브차 또한 우리 일상에서 차와 같은 목적 및 방법으로 음용되기 때문에 허브차라는 말은 오랫동안 유효할 것 같다.

허브차의 가장 큰 장점은 카페인이 들어 있지 않다는 것과 자연식품에 다양한 약리적 효과까지 있다는 것이다. 허브차가 특히 발달한 독일에서는 약용차Medical Tea와 일반 허브차Herbal Tea로 나누어 판매할 정도이며, 약용차의 경우에는 효능, 용법, 용량, 성분 및 함량도 표시하고 음용시 주의 사항도 적혀 있다. 물론 판매처도 일반 허브차와는 구분된다.

허브차

캐모마일 꽃

반면에 녹차나 홍차의 효능이 다 밝혀지지 않은 것처럼 허브차의 효능도 모든 것이 검증된 것은 아니라는 점은 염두에 둬야 할 것이다. 심지어 허브차의 원료가 되는 일부 허브에는 독성이 있을 수도 있고 이로 인해 부작용이 생길 수도 있다. 따라서 전문가들은 임의로 혼합해서 마시는 것은 바람직하지 않다고 권고한다. 다만 우리가 일상에서 차로 음용하는 경우에는 양이 매우 적기 때문에 크게 걱정할 것까지는 없어 보인다.

카페인이 들어 있지 않다는 점과 약리적 효과에 대한 기대감으로 앞으로도 허브차 시장은 점점 더 커질 것으로 예상된다. 하지만 보통의 음용자들이 인터넷이나 잡지, 기사 등에서 접하는 허브차에 대한 정보는 주로 허브차를 제조·판매하는 측에서 제공하는 것이 많아 그 효능이 다소 과장된 경향이 있음을 알아두는 것이 좋겠다.

루이보스 크림 오렌지 & 윈터드림
로네펠트

　　　　　　　　　　　　루이보스 티는 아스팔라투스 리네아리*As-phalatus Linearis*라는 학명을 가진 루이보스 나무의 줄기와 바늘같이 생긴 잎으로 만드는 허브차다. 카멜리아 시넨시스라는 차나무의 싹이나 잎으로 만든 것이 아니므로 엄격히 차는 아니며 허벌 인퓨전*Herbal Infusion*이라고 부르는 것이 정확하다. 하지만 만드는 방법이나 용도, 맛과 향에 있어서 실제로 차에 매우 가깝기는 하다.

　　루이보스 나무는 남아프리카공화국의 입법 수도(남아공은 수도가 세 개인데 행정 수도인 프리토리아, 사법 수도인 블룸폰테인이 있다)인 케이프타운의 북쪽에 위치한 세더버그*Cederberg* 산맥 일대의 450미터 정도 고도에서만 자생하는 나무인데, 키 작은 덤불 형태의 침엽수라고 말하는 것이 맞을 것 같다. 멀리서 형태만 놓고 보면 마치 개나리 같은 형태이나 나무 하나하나가 독립해서 자라며 잎과 줄기가 전체적으로 옅은 녹색이다. 수확은 보통 2~3월에 한다.

루이보스가 현지어로는 붉은Rooi 관목 혹은 덤불bos이라는 뜻인데 이는 이 녹색의 줄기와 잎을 가공한 후에 나타나는 색상이다.

즉 개나리같이 가느다란 개개의 줄기에 바늘 같은 잎이 촘촘히 붙어 있는데 이 줄기와 잎을 잘게 절단하여 유념한 뒤 산화시킨다. 어떻게 보면 홍차 가공 과정과 유사한데, 홍차는 산화 과정을 거치면서 찻잎이 검은색에 가깝게 변하지만 루이보스의 잎과 줄기는 독특한 붉은색을 띤 갈색으로 변한다. 그리고 루이보스의 독특한 맛과 향도 이 산화 과정을 거쳐야만 발현된다. 실제로 최근에는 이 루이보스의 줄기와 잎을 산화시키지 않은 그린 루이보스Green Rooibos가 생산되어 판매되고 있기도 하다.

줄기와 잎 둘 다 사용하지만 줄기에 비해 잎의 비율이 높을수록 등급이 높으며 수색도 더 짙고 맛도 풍부하며 깔끔하다. 텁텁한dusty 뒷맛이 느껴지는 경우는 줄기의 비율이 높았기 때문인 것 같다. 높은 등급의 루이보스 티는 유럽, 주로 독일로 수출되어 루이보스를 베이스로 한 다양한 차를 만드는 데 사용된다.

가공 방법도 홍차와 비슷하지만 실제로 17세기 이후 케이프타운 근처에 정착한 네덜란드인들은 유럽에서 수입하는 고가의 홍차 대용품으로 루이보스 티를 마시기도 했다.

남아프리카공화국에서 수백 년간 음용되어온 루이보스 티는 지난 수십 년에 걸쳐 서서히 서구에 유행되기 시작해 지금은 우리나라를 포함해 전 세계적으로 매우 인기 있는 음료가 되었다.

루이보스 티의 가장 큰 매력은 카페인이 없어 각성 효과가 없다는 점과 항산화 성분이 풍부하고 건강에 이로운 물질이 많이 들어 있다는 것이다. 여기에다 매력적인 깔끔한 붉은색 계통의 수색, 달콤한 맛도 추가할 수 있다. 물론 가공 방법에 따라 다양한 맛이 만들어지기도 한다.

루이보스 크림
오렌지 & 윈터드림

이런 장점들 때문인지 유명 차 회사들에는 루이보스를 베이스로 한 허브차가 수십 종류씩 판매 목록에 있다.

로네펠트의 루이보스 크림 오렌지 Rooibos Cream Orange는 전반적으로 붉은색 계열의 갈색이지만 그 색상이 아주 다양하여 실제로는 아주 많은 색이 조합된 것 같다. 형태는 크게 두 가지인데 바늘 같은 형태의 잎이 거의 대부분이고 줄기처럼 보이는 것이 일부 있다. 고품질의 루이보스로 보인다. 바닐라와 오렌지로 가향되었는데, 일단은 마른 찻잎에서 나는 강렬하고 달콤한 오렌지 향이 너무나 기분 좋다.

수색은 상당히 짙은 적색이다. 수색으로만 놓고 보면 진하게 우린 아삼 홍차라고 해도 믿겠다. 루이보스를 서양에서 레드 티Red Tea라고 부르는 이유가 충분히 설명된다. 마른 잎에서 나는 정도는 아니지만 여전히 달콤한 오렌지 향이 올라온다. 맛에서도 단 것이 느껴지지만 달콤한 맛이라고까지는 할 수 없을 것 같다. 목으로 살짝 넘기면 부드러운 바닐라 향이 길게 느껴진다. 5분을 우렸음에도 떫은맛이 전혀 없다. 엽저는 붉은색이 다소 약해지고 갈색에 가까워졌다.

카페인이 부담스러운 분들이 늦은 밤에 마시기에는 더 이상 좋을 수 없는 차다.

윈터드림Winter Dream의 수색은 아주 예쁘고 밝은 적색이다. 전형적인 다르질링 세컨드 플러시의 수색이다. 달콤하고 부드러운 오렌지 향과 약한 시나몬 향이 기분 좋게 조화되어 있다. 맛이 참 부드럽다. 맛과 향이 두드러지지 않고 훌륭하게 조화가 잘되어 아주 훌륭한 홍차를 마시고 있는 듯하다. 물론 주관적인 판단이지만 크림 오렌지보다는 전체적으로 부드럽고 세련되었다는 느낌이다. 확실치는 않지만 이런 차이는 포함되어 있는 캐러멜 향의 영향일 수도 있을 것 같다. 수색이 주는 차이가 맛과 향에 그대로 반영됐다. 티백 제품이라 엽저는 훨씬 더 잘게 분쇄되어 있다. 그리고 돋보기로 자세히 보면 루이보스 잎 말고도 녹색의 잎 조각도 보이고 형태와 색상이 다른 무엇인가도 더 들어 있다. 아마도 같이 포함된 시나몬, 정향, 오렌지 껍질, 블랙베리 잎 등이 아닐까 싶다.

이 또한 카페인을 피하고 싶은 때 마시기에는 더할 나위 없이 좋은 대안이다.

**루이보스 크림
오렌지 & 윈터드림**

INFORMATION

중량	100g
가격	12.8유로
구입 방법	www.tee-kontor.net(직구 가능)
우리는 방법	400ml / 2.5g / 5~7분 / 펄펄 끓는 물(물 온도와 우리는 시간은 상당히 융통성이 있음)

중량	37.5g(티백 1.5g×25)
가격	4.65유로
구입 방법	www.tee-kontor.net(직구 가능)
우리는 방법	400ml / 티백 1개 / 5분 / 펄펄 끓는 물(물 온도와 우리는 시간은 상당히 융통성이 있음)

베리 베리 베리
위타드

아이스티를 만드는 방법은 급랭법과 냉침
법 등 크게 두 가지다.

급랭법은 물 100그램에 찻잎 2그램(혹은 티백 1개) 비율이 기본이다.

1. 예열한 티포트에 찻잎을 넣고 5분 정도 우린 다음 설탕을 넣는다.
2. 우려서 아주 뜨거운 상태로 얼음이 가득 찬 티포트 혹은 글라스에
   바로 붓는다.
3. 말 그대로 급랭시켜서 만든, 맛과 향이 가장 좋은 방법이다.

이 방법의 단점은 백탁 현상Creaming down이 발생할 수 있다는 것인데,
우린 차가 급속히 차가워지면서 얼음 주위부터 시작해 전체가 뿌옇게 변
하는 현상이다. 맛에는 영향이 없으나 시각적으로 깔끔해 보이지 않는다.
백탁 현상은 홍차 속에 있는 카페인과 폴리페놀이 급격한 온도 변화로 인

해 결합하면서 일어나는 현상이다. 닐기리 홍차가 아이스티로 선호되는 이유 중 하나가 백탁 현상이 잘 일어나지 않기 때문이다. 누와라엘리야, 다르질링처럼 고지대 홍차도 비교적 백탁 현상이 잘 일어나지 않는다.

냉침법도 물 100그램에 찻잎 2그램(혹은 티백 1개) 정도로 비율은 급랭법과 동일하다.

1. 상온의 물 1000밀리리터에 찻잎 20그램(티백 10개)을 넣고 상온에서 1시간 전후를 둔다.
2. 냉장고에 넣어 8~10시간 정도 됐다가 마신다.
3. 많은 시간을 요하는 단점이 있지만 가볍고 깔끔한 차를 즐길 수 있다.
4. 차가운 물에 우리기 때문에 카페인이 추출되지 않는다는 의견도 있으나 우리는 시간이 길기 때문에 어느 정도는 추출된다고 봐야 한다.

냉침법은 홍차의 양이나 우리는 시간이 융통성 있는 편이어서 필자는 상온에 5시간 이상 두는 경우도 있다. 조금 오래된 홍차도 냉침법으로 우리면 향이 꽤 회복되기도 한다. 홍차의 가장 큰 장점 중 하나가 설탕을 넣지 않아도 맛있다는 것이지만 아이스티의 경우는, 물론 취향에 따라 다르겠지만, 어느 정도 설탕을 넣는 것이 맛과 향에 풍미를 더해준다. 그리고 설탕을 넣는다는 것 때문에 홍차의 양이나 우리는 시간에 융통성이 있는 것이다. 설탕이 들어가면 어지간히 잘못 우린 아이스티도 맛있어지기 때문이다. 조금 강하게 우려져도 설탕이 도와주므로 아이스티를 만들 때는

베리 베리 베리

티백이 더 효과적일 수도 있다.

가향하지 않은 스트레이트 홍차도 맛있기는 하지만 아이스티로는 역시 가향차나 허브차 혹은 과일차가 더 선호된다.

위타드Whittard of Chelsea의 베리 베리 베리Very Very Berry는 우리나라에서도 인기가 많은 아이스티용 차다. 찻잎이 들어 있지 않으니 인퓨전이라고 부르는 것이 옳겠다.

차게 해서 마시는
베리 베리 베리

히비스커스Hibiscus 38.8퍼센트, 그레이프Grapes 27.7퍼센트, 엘더베리Elderberries 25.9퍼센트, 블랙커런트Blackcurrants 2.8퍼센트, 블루베리Blueberries 1.4퍼센트로 이루어져 성분만 봐도 몸이 가벼워지는 것 같다. 전체적으로 어두운 붉은색이며 마치 다양한 크기의 건포도가 모여 있는 듯하다. 히비스커스의 짙은 분홍색에 가까운 꽃잎이 밝은 느낌을 준다. 히비스커스의 붉은 꽃잎처럼 보이는 것은 사실 히비스커스 꽃의 꽃받침이자 동시에 열매다. 꽃은 연노란색이다. 따라서 우리가 사용하는 히비스커스는 붉은색의 열매이자 꽃받침인 것이다. 마른 상태에서도 이 히비스커스의 상큼하고 시큼하면서도 톡쏘는 향이 두드러진다.

150밀리리터 물에 3그램을 넣고 5분 우려서 설탕을 넣고는 얼음이 가득 찬 티포트에 부었다. 스푼으로 휘저어 빠르게 온도를 낮췄다. 뭔가 인공적인 듯한 붉은 수색이 정말 예술이다. 더운 여름 이렇게 깔끔한 100퍼센트 천연 아이스티를 마시는 행복은 돈으로도 살 수 없을 것 같다.

위타드에는 이것 말고도 베리 베리 버스트Very Berry Burst, 스트로베리 앤 키위Strawberry and Kiwi, 애플 앤 엘더플라워Apple and Elderfower, 블루베리 블래스터Blueberry Blaster 등 다양한 종류의 과일차가 있어 선택의 폭이 넓다.

베리 베리 베리

INFORMATION

중량	125g
구입 방법	국내에서 구입 가능하며 판매처에 따라 가격이 조금씩 차이가 있음

캐모마일 메도
그린필드

유럽에서 가장 널리 사용되는 허브 중 하나인 캐모마일은 국화과에 속하며 저먼 캐모마일German Chamomile, 로만 캐모마일Roman Chamomile 두 종이 허브차에 주로 사용된다. 캐모마일 꽃에서는 독특한 사과 향이 난다고 알려져 있어 과거 유럽에서는 실내 공기를 신선하게 할 목적으로 캐모마일의 가지와 꽃을 바닥에 뿌려놓곤 했다고 한다.

주로 건조시킨 꽃 머리가 차에 사용되며, 오랫동안 소화와 긴장 완화에 도움이 되는 효능으로 알려져왔다.

포함된 성분 중 멜리사Melissa는 레몬 밤Lemon Balm을 의미하는 것 같다. 멜리사에 대한 자료는 찾기가 어렵고 레몬 밤의 학명이 멜리사 오피키날리스Melissa officinalis로 되어 있기 때문이다. 학명이 이렇게 붙게 된 이유는 레몬 밤 잎에서 민트 향이 섞인 듯한 레몬 향이 나며 벌들이 이 향을 좋아하는데, 멜리사는 그리스 신화에서 꿀 혹은 꿀벌과 관련되어 많이 언급되기 때문이다.

마른 티백에서는 독특하며 신선하게 느껴지는 매력적인 향이 올라온다. 수색은 흰색에 가까운 아주 옅은 노란색이다. 우아해 보이지만 깔끔해 보이지는 않는 수색이다. 바디감도 있지만 홍차에서 느껴지는 단호한 바디감이라기보다는 복합적이며 역시 깔끔한 바디감은 아니다. 이것이 허브차의 특징이다. 우린 차에서 나는 달콤하고 과일을 연상케 하는 향이 아주 좋다. 캐모마일에서 사과 향이 나고, 멜리사에서 레몬 향이 난다고 말하지만 정확하게 말하면 캐모마일에서 사과 향 비슷한 것이 나고 멜리사에서 레몬 향 비슷한 것이 나는 것이다. 게다가 사과 향에 대해서도 외국인들이 갖는 이미지와 한국인의 이미지가 다를 수 있다.

어떤 발음(특히 외국어 노래)이 자신이 알고 있는 모국어 발음처럼 들리는 것을 몬데그린Mondegreen 현상이라고 한다. 코미디 프로그램에서 자주 사용하는 소재이기도 하다. 또 의성어와 같이, 즉 "강아지는 멍멍" "고양이는 야옹"이라고 배운 우리는 실제로 강아지가 멍멍 짖고, 고양이가 야옹하는 것 같지만 외국인들은 전혀 다르게 표현한다.

이런 것이 향에서도 적용될 수 있다고 본다. 향이란 것도 크게 보면 민족에 따라 선호도가 다르며 작게 보면 개인의 기억과 매우 밀접한 관계를 맺고 있기 때문이다. 그린필드Greenfield의 캐모마일 메도Camomile Meadow에서 나는 향은 라면 박스 같은 종이 박스에 사과와 어떤 달콤한 과일을 뒀다가 꺼낸 뒤에 박스에서 나는 듯한 향이다. 이 또한 필자의 주관적인 느낌일 것이다.

따라서 허브나 꽃, 차에서 나는 향의 표현은 상당히 왜곡될 수도 있고 주관적일 수도 있다.

캐모마일 메도에서 나는 맛과 향에서도 사실 무엇이라고 특징짓기 어려운 오묘함이 느껴진다. 레몬 밤의 영향보다는 리치litchi의 영향이 더 큰 것은 거의 확실해 보인다. 리치의 향과 달콤함이 마시고 난 입안에 오래 남는다.

　수많은 캐모마일 차가 있지만 베이스가 되는 캐모마일의 종류나 무엇을 같이 블렌딩하느냐에 따라서 천차만별의 캐모마일 차가 만들어지는 것 같다.

INFORMATION

중량	37.5g(1.5g×25티백)
구입 방법	국내에서 구입 가능하며 판매처에 따라 가격이 조금씩 차이가 있음
우리는 방법	400ml / 1.5g / 3~5분 / 펄펄 끓는 물 (물 온도와 우리는 시간은 상당히 융통성 있음)

용 어 설 명
(ㄱㄴㄷ 순)

골든 팁

홍차의 마른 잎이 짙은 갈색이나 검은색을 띠는 것은 유념 이후 이어지는 산화 과정에서 찻잎 속 엽록소의 변화로 인한 것이다. 싹에는 엽록소가 적게 들어 있어 옅은 갈색이나 금색 정도로만 변하게 된다. 이것을 골든 팁이라고 지칭하며 보통 홍차의 품질을 나타내는 징표로 사용된다.

녹엽홍양변

비교적 온전한 형태를 유지하고 있는 우롱차의 엽저를 보면 찻잎의 가장자리가 붉은색을 띠는 경우가 있다. 찻잎을 채반에 놓고 흔드는 요청 과정에서는 주로 찻잎의 가장자리가 상처를 입고 이로 인해 상처 입은 가장자리만 붉게 변화(산화)하는 것이다. 우롱차의 엽저 전체가 녹색이지만 그 가장자리가 붉게 변했다고 해서 녹엽홍양변綠葉紅兩邊이라 하며 잘 만든 우롱차의 징표이기도 하다.

더스트

더스트Dust는 패닝보다 더 작은 분말 수준의 입자로 티백이나 인스턴트 홍차를 만들 때 사용된다.

데아닌

찻잎 속에 들어 있는 아미노산의 대부분은 데아닌의 형태로 존재한다. 우린 차의 바디감에 영향을 미치며 일본인들이 선호하는 감칠맛을 내게 하는 성분이다. 차를 마실 때 경험하는 정신적·육체적 긴장 완화가 데아닌 성분으로 인한 것이다. 뿐만 아니라 함께 우러난 카페인이 인체에 흡수되는 속도를 지연시켜주는 역할을 하는 것으로도 알려져 있다.

데아플라빈/데아루비긴

홍차 생산 과정 중 유념 후 산화가 진행되는 동안 찻잎 속의 카데킨 성분이 일차적으로 데아플라빈으로 전환되는데, 이것이 차를 오렌지색 계통의 금색으로 변화시키고 다소 투박하고 떫은맛을 내게 한다. 산화가 더 진행되면 데아루비긴이 나타나는데 좀더 부드러운 바디감과 적색 계통의 갈색 수색이 나게 한다. 산화를 길게 하면 할수록 데아루비긴의 양이 많아지고 홍차는 더욱 감미로워진다.

로 그론, 미드 그론, 하이 그론

스리랑카 홍차는 계절보다는 고도에 따라 차의 맛과 향이 다른 특징이 있다. 보통 600미터 이하를 로 그론low-grown, 600~1200미터 사이를 미드 그론mid-grown, 1200미터 이상을 하이 그론high-grown으로 구분한다. 하이 그론에는 누와라엘리야와 우바 지역이, 미드 그론에는 캔디와 딤불라 지역(일부는 하이 그론)이 포함된다. 일반적으로는 하이 그론 차를 가장 좋은 것으로 여기지만 근래 들어와서 그동안 관심받지 못했던 라트나푸라, 루후나 등 로 그론 홍차들이 주목받고 있다.

몬순 플러시

다르질링 지역은 세컨드 플러시가 끝나는 6월 말부터 10월 초까지 몬순 시즌이 지속된다. 이 기간에 생산된 차를 몬순 플러시Monsoon Flush라 부르는데, 더운 날씨와 많은 강수량 때문에 맛과 향에서 섬세함이 부족하다. 따라서 이 시기에 생산된 차는 다원 이름으로 구분되지 않고 다르질링 차로만 판매되어 주로 블렌딩 제품이나 티백 제품 가공에 사용된다.

무스카텔

다르질링 세컨드 플러시의 대표적인 향으로 이 향이 머스캣 포도Muscat grape 혹은 머스캣 포도로 만든 와인의 향과 유사하다는 데서 유래한 것으로 알려져 있다. 하지만 그 근거 및 출처가 불확실하며 향에 대해서도 많은 설이 있다. 어쨌거나 좋은 다르질링 세컨드 플러시에서 공통적으로 맡을 수 있는 향이 있는 것은 확실하다. 이런 연유로 다르질링 세컨드 플러시를 다르질링 무스카텔Muscatel 혹은 무스카텔 플러시로 부르기도 한다.

백탁 현상

우린 뜨거운 홍차를 얼음에 붓는다든지 하여 급격한 온도 변화가 일어나면서 수색이 뿌옇게 변하는 것을 백탁 현상Creaming down이라 한다. 우린 차에 들어 있는 폴리페놀, 카페인 등 일부 성분이 급격한 온도 변화로 결합하면서 일어나는 것으로 알려져 있다. 실제로 맛에는 큰 영향이 없지만 보기에는 좋지 않다. 닐기리 홍차에는 이 현상이 잘 나타나지 않아 아이스티로 선호된다.

베르가모트

이탈리아의 시칠리아 섬이 주 생산지로 시트러스 계열의 귤처럼 생긴 과일이다. 알맹이는 과일로서의 가치가 없어 버리고 껍질에서 추출한 오일을 홍차에 가향한 것이 유명한 얼그레이 홍차다.

보헤아

네덜란드인들이 유럽에 처음으로 가져간 차는 녹차였다. 이후 푸젠 성 우이산에서 우롱차(부분산화차)가 만들어지자 이 또한 유럽으로 가져갔다. 유럽인들은 녹차와 다르면서 부분산화로 인해 더 맛있는 이 차를 생산지인 우이산의 영어식 발음을 따라 '보히' 혹은 '보헤아Bohea'라고 불렀다. 맛과 향은 오늘날의 홍차보다는 우롱차에 가까웠으리라 추정되는 보헤아가 홍차Black Tea로 발전한 것이다.

복제종

맛과 향이 뛰어난 우수한 품종의 차나무를 빠른 시간에 대량으로 번식시키기 위해 차나무의 씨앗 대신 꺾꽂이를 통해 묘목장에서 재배하며, 이렇게 자라난 차나무를 복제종Clonal varieties이라 한다. 어미나무와 모든 특질이 똑같은 것이 장점이지만, 한 가지 질병에 똑같이 취약한 단점도 있어 주요 다원들은 복제종 차나무와 씨앗에서 자란 차나무를 적절한 비율로 재배한다.

산화

유념을 통해 찻잎에서 흘러나온 폴리페놀(카데킨)이 산화효소 그리고 산소와 접촉하면서 갈색으로 변해가는 과정이다. 동시에 내적으로는 찻잎의 생화학적 변화가 완성되는 과정이기도 하다. 홍차 가공의 핵심 과정이며 오랫동안 발효로 잘못 알려져왔다.

살청

찻잎 속에 들어 있는 산화효소를 뜨거운 열이나 증기를 이용해 불활성화시키는 과정이다. 이 과정을 거친 녹차는 녹색 잎을 가지며, 거치지 않은 홍차는 산화되어 갈색 잎으로 변하는 것이다. 녹차 가공 시 중국이나 우리나라에서는 뜨거운 솥에서 덖는 방법을, 일본에서는 뜨거운 증기에 쐬는 증청법을 주로 사용한다.

세컨드 플러시

주로 다르질링 홍차에 많이 사용하는 용어로 5월 중순에서 6월 말까지 생산한다. 익은 과일에서 나는 성숙된 맛과 향을 특징으로 하며, 특유의 무스카텔 향으로 유명하다. 오랫동안 다르질링 홍차가 전 세계적으로 누려온 명성은 이 세컨드 플러시로 인한 것이다.

스트레이트 티

스트레이트 티Straight Tea라는 말은 사전적 용어라기보다는 일상에서 어느 정도의 합의가 이루어진 채 사용되는 용어다. 가장 일반적으로는 가향되지 않은 차를 뜻한다. 우유나 설탕을 넣지 않고 마실 때도 스트레이트로 마신다는 표현을 사용한다.

시즈널 퀄리티 티

연중 차를 생산하는 스리랑카는 계절보다는 고도나 바람의 영향 등 생산 지역의 특수성에 따라 맛과 향이 뛰어난 시기가 각각 다르다. 가장 뛰어난 차를 생산하는 시기를 퀄리티 시즌이라고 하며 이때 생산된 차를 시즈널 퀄리티 티Seasonal Quality Tea라고 한다. 누와라엘리야와 딤불라는 1~3월, 우바는 7~9월이 퀄리티 시즌이다. 마찬가지로 연중 생산되는 지역인 닐기리의 시즈널 퀄리티 티는 상대적으로 온도가 낮은 12월과 다음 해 3월 사이에 생산된 것이다.

CTC

자르고Cut/Crush, 찢고Tear, 둥글게 말기Curl의 약자로 1930년대 아삼에서 처음으로 도입된 가공법이다. 위조된 찻잎은 날카로운 칼날이 새겨진 금속 원통 사이에서 으깨진 뒤 회전하는 큰 원형 통에서 둥글게 말린다. 원래는 거친 찻잎을 활용하기 위해 사용되었으나 티백 수요가 늘어남에 따라 그 진가를 인정받게 되었다. 저렴한 생산 비용에 대량 생산이 가능해 홍차 산업에 혁명을 가져왔지만 불가피하게 품질은 희생될 수밖에 없었다. 현재 전 세계 홍차의 85~90퍼센트가 CTC 가공법으로 생산된다.

실버 팁

보통 싹으로만 이루어진 백호은침 같은 백차의 흰 싹을 지칭한다. 백차 생산 과정에서는 싹에 상처를 내는 유념 과정 없이 위조 후 바로 건조시킴으로써 싹에 소량 들어 있는 엽록소가 증발되어버려 홍차와는 달리 은색으로 변한 것이다. 근래

스리랑카에서 만든 백차가 유명해짐에 따라 실론 실버 팁이라는 명칭으로도 많이 사용된다.

싱글 이스테이트(단일 다원)

이스테이트는 차나무를 재배하는 다원을 의미하는 것으로 다르질링은 80여 곳, 아삼은 대규모 다원만 해도 900개가 넘는다. 이 중 뛰어난 맛과 향의 홍차를 생산하는 다원들은 자신들의 다원에서만 생산한 홍차를 싱글 이스테이트Single Estate 홍차로 판매하는데, 대체로 품질이 좋고 가격도 높은 편이다. 그렇지 못한 다원들은 옥션을 통해 판매하며 이를 구입한 홍차 회사들이 생산하는 블렌딩 홍차에 사용된다.

오렌지 페코

오렌지 페코Orange-Pekoe는 홍차 등급 중 하나를 말한다. 홀리프Whole Leaf(이론적으로는 찻잎이 부서지지 않고 온전한 것을 말하지만 홍차의 경우 실제로는 드물다)로만 이루어졌지만 싹은 거의 포함되지 않은 등급이다. 홍차 등급에서의 오렌지는 유럽에 차를 처음 소개한 네덜란드의 왕가를 나타내는 더 하우스 오브 오렌지The house of Orange에서 유래했으며 페코는 찻잎 뒷면의 작은 은색 솜털을 가리키는 중국어 백호에서 왔다. 이러한 것을 배경 삼아 오렌지 페코는 등급을 떠나 좋은 품질의 홍차를 뜻하는 마케팅 용어로도 사용된다.

오텀널

몬순 시즌이 끝나고 10~11월 생산된 다르질링 홍차를 오텀널Autumnal이라고 한다. 퍼스트 플러시와 세컨드 플러시에 비해서 관심을 받지 못했으나 최근 들어 품질 개선에 노력하고 있다. 맛과 향은 퍼스트 플러시보다는 세컨드 플러시에 가까운 편이다.

엽저

우리고 난 뒤의 찻잎을 말한다. 엽저를 통해서 찻잎의 종류나 상태, 산화 정도 등 차에 관한 많은 정보를 알 수 있다. 따라서 차를 품평할 때 귀중한 자료가 된다.

유념

멍석같이 표면이 거친 곳에 찻잎을 두고, 압력을 가하면서 손으로 비벼 찻잎에 상처를 입혀 찻잎 내부의 세포액이 흘러나오게 하는 것이다. 요즘은 주로 기계를 사용한다. 홍차의 경우는 산화를 촉진시키는 역할을 하며 살청 과정을 거친 녹차는 찻잎의 형태를 잡아주거나 잘 우러나게 하는 역할을 한다.

위조

갓 채엽한 찻잎은 75~80퍼센트 정도가 수분이다. 위조는 찻잎에 상처를 내는 유념 과정 이전에 이 수분을 어느 정도 제거하는 과정이다. 가공하는 차의 종류에 따라서 위조 방법과 걸리는 시간이 다르며 정통법으로 생산하는 홍차의 경우는 15시간 전후가 소요된다.

정통 가공법

채엽-위조-유념-산화-건조-분류의 단계로 이루어진 홍차 가공법을 정통 가공법 Orthodox Method이라 부른다. 19세기 중반 아삼에서 영국인들이 처음으로 홍차를 생산하면서 정형화시킨 생산 방법이다. 1930년대 CTC 가공법이 개발되면서 현재 정통 가공법으로 생산되는 물량은 전 세계적으로 약 10~15퍼센트 전후다. 하지만 여전히 고급 홍차는 정통 가공법으로 생산된다.

주청

우롱차 가공 과정의 핵심이다. 위조된 찻잎을 대나무 등으로 만든 채반 위에 놓고 전후좌우로 흔든다. 이 과정을 통해 채반의 거친 표면에 스친 찻잎의 세포막이 파괴되고 세포액이 흘러나와 산화가 촉진된다. 일종의 유념 과정이다. 찻잎을 흔드는 요청 과정과 쉽게 하는 정치 과정으로 이루어져 있고, 장시간 반복된다.

카데킨

찻잎 속에 들어 있는 폴리페놀을 카데킨이라 부른다. 차가 우려질 때 쓰고 떫은맛을 내는 성분이다. 또한 차의 주요 효능 중 하나로 언급되는 항산화 효과의 핵심적인 역할을 한다. 홍차의 경우는 산화 과정 중 카데킨이 데아플라빈, 데아루비긴이라는 또 다른 항산화 물질로 전환된다.

패닝

홍차 가공의 마지막 분류 단계에서 홀리프 등급과 브로큰 등급이 걸러진 다음의 작은 찻잎을 패닝Fannings이라 한다. 일반적으로 좋은 품질의 티백에 사용된다.

퍼스트 플러시

주로 다르질링 홍차에 많이 사용하는 용어로 3월 중순에서 4월 말까지 생산한다. 이른 봄의 찻잎이 갖는 특징과 함께 산화를 약하게 해서 가벼운 바디감을 갖게 한다. 꽃 향, 신선함, 달콤함과 기분 좋은 후미, 귀족적인 떫은맛 등이 특징이며 10~15년 전부터 일본과 독일을 필두로 전 세계적으로 인기를 끌고 있다.

포기크랙과 골든링

포기크랙Foggy Crack은 잘 우린 뜨거운 홍차를 예열된 잔에 가득 따르면 표면에 하얀 안개 같은 것이 생기면서 갈라지는 모습을 묘사한 표현이다. 같은 상황에서 찻물과 잔이 접하는 부분에 금색으로 테두리가 쳐지는 것을 골든링Golden Ring이라고 부른다.

포유

우롱차 중에 외형이 진주처럼 둥근 모양이 있다. 이런 외형이 나오게 하는 가공 과정을 포유라고 한다. 찻잎을 흰색 천에 담아 둥근 축구공처럼 싸서, 위아래에서 압력을 받으면서 회전하는 기계에 넣었다 뺐다 하는 과정을 수십 번 되풀이한다.

홍배

주로 우롱차 가공 과정에 있는 것으로 대나무 바구니에 차를 담아 숯불의 은근한 열 위에 장시간 두는 것이다. 어느 정도는 건조의 역할도 있지만, 그보다는 열을 통해 차의 맛과 향을 북돋아주는 역할이 더 크다. 중국 차 가공 과정에서 아주 특징적인 것이다.

훈연 향

중국 우이산에서 생산되는 홍차인 정산소종과 랍상소우총은 가공 중에 소나무를 태운 연기를 쐬는 과정이 있다. 이로 인해 완성된 차에서 연기 향이 올라오는데 이를 훈연薰煙 향이라고 한다. 이 연기를 쐬는 방법 및 훈연 향의 품질에 따라 다양한 등급이 있다. 홍차의 기원이라고 알려지면서 유럽에서 이 훈연 향이 나는 홍차가 매우 귀하게 대접받던 시절이 있었다.

철학이 있는
홍차 구매가이드

ⓒ 문기영

1판 1쇄	2017년 2월 20일
1판 4쇄	2020년 11월 25일

지은이	문기영
펴낸이	강성민
편집장	이은혜
편집	곽우정
마케팅	정민호 김도윤
홍보	김희숙 김상만 지문희 김현지

펴낸곳	(주)글항아리 | 출판등록 2009년 1월 19일 제406-2009-000002호

주소	10881 경기도 파주시 회동길 210
전자우편	bookpot@hanmail.net
전화번호	031-955-2696(마케팅) 031-955-1936(편집부)
팩스	031-955-2557

ISBN	978-89-6735-413-8 03980

글항아리는 (주)문학동네의 계열사입니다.

이 도서의 국립중앙도서관 출판예정도서목록(CIP)은 서지정보유통지원시스템 홈페이지(http://seoji.nl.go.kr)와
국가자료종합목록 구축시스템(http://kolis-net.nl.go.kr)에서 이용하실 수 있습니다. (CIP제어번호 : 2017002932)

잘못된 책은 구입하신 서점에서 교환해드립니다.
기타 교환 문의 031-955-2661, 3580

geulhangari.com